果蔬昆虫授粉增产技术

邵有全　祁海萍　编著

金 盾 出 版 社

内 容 提 要

本书由山西省农业科学院园艺研究所研究员邵有全等编著。内容包括昆虫授粉的意义、增产机制和客观评价，以及蜜蜂授粉、熊蜂授粉、壁蜂授粉与其他昆虫授粉的基本知识和配套应用技术。全书内容系统，知识新颖，语言通俗，技术先进实用，可操作性强，对于推广昆虫授粉增产技术，实现无公害和绿色果蔬产品生产，提高种植效益，极具指导意义。本书可供果农、菜农和基层农业科技人员阅读参考。

图书在版编目(CIP)数据

果蔬昆虫授粉增产技术/邵有全，祁海萍编著. -- 北京：金盾出版社，2010.5

ISBN 978-7-5082-6225-3

Ⅰ.①果… Ⅱ.①邵…②祁… Ⅲ.①水果—蜜蜂授粉②蔬菜—蜜蜂授粉 Ⅳ.①S660.36②S630.36

中国版本图书馆 CIP 数据核字(2010)第 033305 号

金盾出版社出版、总发行

北京太平路 5 号(地铁万寿路站往南)

邮政编码：100036 电话：68214039 83219215

传真：68276683 网址：www.jdcbs.cn

封面印刷：北京印刷一厂

正文印刷：北京军迪印刷有限责任公司

装订：兴浩装订厂

各地新华书店经销

开本：850×1168 1/32 印张：6.625 字数：164 千字

2012 年 6 月第 1 版第 9 次印刷

印数：138 001～158 000 册 定价：11.00 元

前　言

昆虫授粉，是保证虫媒植物繁衍的主要条件。随着植物和昆虫的协同进化，植物和授粉动物之间形成共生的关系。昆虫为了从植物界摄取能量和蛋白质饲料而奔波忙碌。植物为了吸引昆虫授粉而分泌花蜜，产生足量的花粉，除保证植物授粉需要外，还给昆虫提供丰富的蛋白质饲料。此外，植物为了吸引昆虫授粉，还形成鲜艳的花瓣，并发出香味。

昆虫授粉使虫媒花结果、结实，这是从事生物研究和农业生产的人员所熟知的事实。但是，将其作为一项农业生产增产措施，却还是近年来的事情。之所以将昆虫授粉作为一项增产措施，是因为集约化、大规模种植同一种作物，保护地栽培改变了原来的生产环境，以及大量使用农药等原因，造成授粉昆虫不足，同时人工授粉劳务工资的提高，也加大了生产成本，使昆虫授粉变得更加重要。授粉昆虫本身的形态结构特征适宜携带和传播花粉，授粉昆虫采集的专一性、可运营性和可驯化性，饲料的可贮存性，都决定了蜜蜂总科昆虫授粉是一项投资小、效益高的增产措施，大量的研究资料证明，蜜蜂总科占授粉昆虫总量的85%以上。

蜜蜂总科昆虫是一个庞大的群体，其中蜜蜂、熊蜂和壁蜂，作为授粉昆虫，研究利用得最好，推广面积最大，效果最显著。蜜蜂授粉可使果树类作物增产30%，蔬菜作物制种增产50%，油料作物增产14%～20%；壁蜂是大田果树生产中理想的授粉昆虫；熊蜂是保护地栽培的果树、蔬菜、瓜类等经济作物的理想授粉昆虫，让它授粉不仅是一项显著的增产措施，同时还是无公害、绿色果菜生产的必要的不可取代的生产措施。

在多年从事昆虫授粉研究和推广的基础上，笔者参阅了国内外同行的研究资料，撰写了《果蔬昆虫授粉增产技术》一书，由于水平有限，难免有不足之处，恳请同行专家和读者批评指正，共同探讨，使昆虫授粉事业不断完善和发展。

本书在编写过程中，国家蜜蜂产业体系、蜜蜂育种与授粉功能研究室在资料和经费上给予了大力支持，中国农业科学院蜜蜂研究所安建东同志提供了大量资料和图片，并对其中部分内容进行了修改和完善，郭媛、汉学庆在文字整理过程中付出了大量的劳动，在此表示衷心的感谢。

编著者

目　录

第一章 昆虫授粉的意义

昆虫授粉在植物繁衍过程中起着重要作用。以前之所以不强调授粉,而现在要把昆虫授粉作为果蔬作物的一项重要的增产措施,主要是因为环境因素的变迁,以及生物进化等因素的改变,打破了生态平衡,才使得昆虫授粉变得十分重要和必要。

第一节 昆虫授粉的必要性

由于授粉昆虫栖息环境的破坏,规模化农业的发展和大量使用农药,使授粉昆虫数量明显减少,造成许多植物授粉不足,再加上保护地栽培的飞速发展,劳务工资的提高,无公害食品需求的迫切,以及昆虫授粉的增产作用,都进一步证实了发展昆虫授粉的必要性。

一、野生昆虫栖息环境遭到严重破坏

良好的农业生态系统有自我更新和维持的能力,物种之间的交互作用是这种能力的基础。因此,有传播花粉的媒介生物,有控制病虫害的天敌动物,有分解枯枝落叶、加速土壤营养循环的动物等。系统中天然植被在很大程度上起着重要的连通作用,是生物交流、停留或繁育的重要场所,本身对农业有很大好处。然而典型的中国农业的生产方式,往往使得农业区成为生物多样性的障碍,因为动、植物很难跨越太大的空间,在这样一个空间它们找不到可以生存的天然植被和水源。如从 20 世纪 80 年代开始,山区资源的开发使大量蜜源植物被滥砍滥伐,传粉生物赖以生存的基础受到破坏。近年来由于人口增长,土地面积的不足,人们开荒造田,

将大片的草地、荒地和沟坡变为农田，使自然界授粉昆虫的生存环境遭到破坏，昆虫数量急剧下降。在农业主产区的平原地区，野生授粉昆虫几乎不复存在。笔者于 2008 年对榆次市果树主产区苹果的授粉昆虫进行了调查，结果显示：为苹果树授粉的昆虫只有 3 种，3 天采访花的昆虫数量仅有 44 次，不论是授粉昆虫种类还是数量，都远远满足不了苹果授粉的需要。

二、规模化农业的发展致使授粉昆虫相应减少

在农业结构调整中，专一化和规模化的种植，形成单一作物相，破坏了授粉生物自然栖地环境及生存条件，规模化农业和产业化农业造成一定区域内授粉昆虫数量相对不足，不能满足作物授粉的需要。例如山西省运城地区的临猗县，耕地总面积为 10 万公顷，1970 年果树面积仅有 2 000 公顷，1982 年果树面积为 1.34 万公顷，1998 年果树面积达到 3.34 万公顷，2008 年果树面积猛增到 6.67 万公顷。果树面积在耕地总面积中所占的比例逐年增多，因授粉昆虫数量并没有随着果树面积的增加而相应增多，因而直接影响果树授粉，在一定程度上限制了果品产量和质量的进一步提高。辽宁省大连市所属 6 个县区有苹果树 800 多万株，果树坐果率低，结果少，产量低，果农要砍掉重栽，经科技人员分析后发现是缺乏授粉所致。引进蜜蜂授粉后，仅三年时间即增产苹果 5 万多吨，增收 1 200 多万元。采用人工授粉或增加授粉树等，都不能与昆虫授粉相比，引入昆虫授粉是从根本上解决授粉昆虫不足的重要途径。

三、大面积施用农药使授粉昆虫大量减少

我国是农业大国，也是使用农药的大国。我国农药的使用量由 20 世纪 80 年代的 4.65 千克/公顷，增加到 2004 年的 24.2 千

克/公顷，短短十几年，单位面积的农药使用量增长了近5倍；农药使用的总量达到23万吨，其防治面积达15 333万公顷，占总播种面积的85%。农业生产中杀虫剂和杀菌剂等农药的大量使用，在有效防治病虫害的同时，对非靶标生物也产生了明显的不良影响。对生态系统的结构和功能产生严重的破坏。最近加拿大科学家研究指出，由于农药的大量使用，使空气和水被污染，森林和湿地遭到破坏，因而授粉昆虫和鸟类的生存环境越来越恶劣，它们的数量在大量减少。有科学研究表明，农药已经成为了野生授粉生物的最大杀手，田间、果园里的天然授粉昆虫大量被杀死，导致许多作物、果树开花多，而坐果率和结实率低。如蜜蜂因农药中毒大量死亡。结果，授粉生物的总数减少，区域分布变窄，种间平衡变坏。近年来广东现存的授粉昆虫，种类和数量都有很大下降，与广东荔枝生产密切相关的授粉昆虫数量也大幅下降。20世纪50年代初期，在一株荔枝树上可以见到几十种昆虫，其中大部分对于荔枝生产都有益。而现在不少地方，荔枝树上的授粉昆虫已非常罕见，有害的昆虫反而多了起来。盲目使用化学农药来防虫，已严重破坏了昆虫的生态分布。因此，需要授粉的虫媒花作物对人为引入授粉昆虫的依赖性越来越大。目前，要想提高植物的坐果率、产量和质量，除了植保界积极研究生防技术，研究新型的高效低毒农药，保持昆虫生态平衡外，同时还必须通过引进授粉昆虫，来弥补授粉昆虫的不足。

四、保护地栽培的飞速发展
使昆虫授粉难度增大

保护地栽培的飞速发展，急需人为配置授粉昆虫。因为保护地栽培农作物有较高的经济效益，在我国发展速度相当快。2002年我国就已成为世界保护地面积最大的国家，达到400万公顷，园艺设施面积占全国蔬菜播种面积的7.5%，其中温室面积达14.8

万公顷，塑料大棚面积达 69.2 万公顷。以山西省为例，1990 年全省保护地面积仅有 1 400 公顷，到 1994 年就发展到 7 000 公顷，仅太原市 1996 年一年新建的日光节能温室就达 9.15 万间，比上年增加了 1 倍以上。在保护地生产中，由于大棚（或温室）内几乎没有授粉昆虫，也没有风，作物授粉不能完成，因此造成结实率低、产量低、质量差的现象。例如西葫芦、西红柿等作物根本不能授粉受精，虽然有的农民采取涂抹 2,4-D 药液等措施保花保果，但是畸形瓜的数量多，口感不好，而且涂抹激素既费工，又不可靠，虽然促进了果实生长，却同时又造成化学激素污染，因此给温室引入昆虫授粉是非常必要和重要的。因为其他授粉昆虫群体小，数量少，人工饲养不易掌握其繁殖规律和特性，并且不能随意搬动，所以蜜蜂、熊蜂是保护地栽培最为理想的授粉昆虫。

五、劳务工资的提高加大了人工授粉的成本

蔬菜制种和温室栽培黄瓜、西葫芦西红柿和果树，以前都采用人工授粉的办法来提高坐果率、结籽数和产量。但是，近年来由于人员工资的提高，生产成本大幅度上升，特别是十字花科蔬菜的制种，人工授粉费用很大。例如大白菜自交不亲和系繁种，因花小，花粉量少，授粉难度大，费工费时，667 平方米的制种地，3 天授粉一次，每次 30 个工，授粉 8 次，每个工以 20 元计，667 平方米授粉区需人工授粉工费 4 800 元。此外，采用人工授粉不均匀，授粉不适时，会造成结荚少，每荚籽数少，产量低。因此，蜜蜂授粉的应用不仅降低了制种成本，而且提高了产量和质量。有人曾估算，一群蜜蜂用于制种田授粉，相当于 2 000 个授粉劳动力。

六、任何增产技术都不能取代昆虫授粉

不论是多施肥料，增加灌溉，还是改进耕作措施，都不能代替昆虫授粉的作用，昆虫授粉还能使这些增产措施发挥更大的作用。

栽培条件越好，昆虫授粉增产越显著。由于昆虫授粉更及时、更完全和更充分，对提高坐果率、结实率效果更突出，所以可更有效地协调作物的生殖生长和营养生长，在提高产量方面具有不可替代的作用。

七、无公害产品生产需要昆虫授粉

目前，温室中的西葫芦和西红柿等作物，都是靠涂抹生长调节剂进行生产。随着人民生活水平的提高，人们对无公害、无污染农产品的需求越来越迫切，需要量越来越多。不采用昆虫授粉，无公害生产是不可能实现的。因此，要进行无公害农产品的生产，就必须采取昆虫授粉的方式。

第二节　昆虫授粉的重要性

更多的研究资料证明，蜜蜂总科昆虫在授粉动物中占有的重要比例，以及蜜蜂总科昆虫在生态保护和维护中的作用，确立了蜜蜂总科昆虫授粉的重要地位。

一、蜜蜂是授粉昆虫的主力军

据统计，在人类所利用的 1 300 种植物中，有 1 100 多种植物需要昆虫授粉，如果没有授粉昆虫，这些植物将无法繁衍生息。据希勒 1911 年的统计，在欧洲植物中，80％的被子植物是靠昆虫授粉的。1899 年又纳斯观察到，在 395 种植物上所采到 838 种授粉昆虫中，膜翅目占 43.7％，而蜜蜂总科又占膜翅目总数的 55.7％。中国科学院吴燕如教授曾调查猕猴桃花期的昆虫种类和数量，共鉴定出 16 种访花昆虫，其中蜜蜂 11 种，食蚜蝇 4 种，金龟子 1 种。对其授粉行为和访花频率的统计分析表明，中华蜜蜂和意大利蜜蜂是猕猴桃花粉的最佳传授者。其他昆虫活动次数少，携带花粉量也少，其授粉效果远不如蜜蜂。大量的观察资料证明，蜜蜂在授粉昆虫中占85%以上。申晋山2007年对山西省向日葵花期授粉昆虫进行调查时发现，向日葵的授粉昆虫共有4个目9个科，22个属，25个品种；在授粉昆虫中，蜜蜂的比例占93%（表1）。

表1　向日葵授粉昆虫访花次数与比例

样　点	1	2	3	4	5	6	7	8	9	10	11	12	13	均值
昆虫总数	251	340	352	306	334	342	356	281	297	351	317	256	228	308
蜜蜂数量	233	320	326	280	312	315	341	259	269	333	296	231	209	286
蜜蜂比例(%)	93	94	93	92	93	92	96	92	91	95	93	90	92	93

二、蜜蜂授粉对农业的贡献

植物的繁衍方式主要分为两种，即有性繁殖和无性繁殖。在有性繁殖的植物中，有一部分是风媒花植物，其花小，能产生大量的花粉，花粉黏性小，重量轻，花粉极易借风力在空气中飘动，使植物的精子落到雌蕊柱头上，完成授粉受精过程，如玉米和水稻等。还有相当大的一部分植物靠动物媒介传递花粉，来完成授粉受精过程，例如大多数果树、西瓜、甜瓜、大多数蔬菜、牧草和油料作物等。传递花粉的主要动物是昆虫。许多试验都证实，在这些虫媒花植物的开花期，如果没有昆虫在花丛中活动，将会造成颗粒不收的惨局，可见昆虫授粉的重要性。之所以说蜜蜂总科昆虫是最重要的授粉昆虫，是因为蜜蜂与植物在长期协同进化的过程中，蜜蜂的形态结构、活动习性与植物的形态结构、生理生化特性和授粉的最佳时间等方面，都形成了相互依赖的关系。例如蜜蜂需要花蜜和花粉作食物，需要授粉的植物则在长期的进化中，形成了鲜艳的花瓣，同时分泌香味，产生蜜汁和花粉。但是，每一朵花上的量又很少，蜜蜂一次飞行需要采访几十或几百个花朵才能满载而归。

植物为了吸引昆虫来传粉，一般蜜汁和花粉互生在一块，蜜腺位于花朵底部，蜜蜂在采蜜过程中必须刷擦花药或柱头，从而完成传递花粉和授粉的过程。

通过昆虫授粉，作物不但可以提高产量，还可以改善品质。例如，利用熊蜂为温室蔬菜授粉，可使茄子、青椒产量增加15%～40%，番茄增加22%～40%，黄瓜增加50%；还可以提高果实品质，并可以减少因喷洒激素造成果实的污染。利用蜜蜂为作物授粉，可提高作物产量，其提高量，油菜为19%～37%，向日葵为20%～64%，荞麦为25%～64%，大豆为14%～15%，棉花为18%～41%，柑橘为25%～30%，李子为32%～52%，苹果为120%以上。

我国有关报道表明，蜜蜂授粉可使油菜、向日葵、荞麦、柑橘、苹果、梨和棉花等增产，增幅可达5%～60%。自然界大量的野生蜜蜂及其他传授昆虫创造的经济效益更是无法估计。20世纪70年代后，野生苜蓿切叶蜂，在美国、前苏联等国被用于苜蓿授粉，使苜蓿种子产量由100～200千克/公顷上升到200千克/公顷。大分舌蜂为油茶传粉，使其增产30%左右。野生角额壁蜂、兰壁蜂、红壁蜂及凹唇壁蜂，在日本、美国、俄罗斯及中国等果园使用，为苹果、扁桃、梨和樱桃等果树授粉，大大提高了果品产量和质量。可以看出，蜜蜂和许多传粉昆虫授粉增产作物的种类非常广泛，增产效果十分明显。

1980年，美国农业部门对蜜蜂授粉的直接和间接经济效益进行了评估。当年与蜜蜂授粉有直接和间接关系的农作物和商品，总价值接近190亿美元，如果将一些像南瓜、荞麦一类的小作物也包括在内，其总价值接近200亿美元。而当年的蜂蜜及蜂蜡产值为1.4亿美元。也就是说，蜜蜂授粉给社会的贡献是养蜂业本身的143倍。据加拿大统计，1982年其国内直接和间接依赖蜜蜂授粉的农产品的价值为120亿加元，而当年收获的蜂蜜和蜂蜡的价值还不足 6 000 万加元，蜜蜂授粉的经济贡献是养蜂收入的 200 倍。

据有关部门报道，我国近年蜂产品年总产值为 80 亿元，按美国或加拿大的蜜蜂授粉贡献率来计算，我国养蜂业为农业的贡献将是 8 000 亿～16 000 亿元。从这一个数据来看，蜜蜂产业将不再是一个小产业了。

三、昆虫授粉在生态保护上的作用

授粉是一项必不可少的生态系统服务，在很大程度上取决于物种即被授粉者和授粉媒介之间的共生关系。授粉是植物和动物之间存在着错综复杂关系的一种表现，任何一方的减少和丧失都会影响对方的生存。授粉昆虫资源种类繁多，在形态和习性上差别很大，其选择采粉和授粉的植物也有所不同。某些植物是很多不同的授粉昆虫的采粉对象，而另一些植物则需要特定的授粉昆虫。在授粉昆虫一方也是如此。一些授粉昆虫对植物不挑剔，可以采集很多种类植物的花粉，而另一些则只在特定的植物上采粉。因此，每种授粉昆虫对于保持植物的多样性，以及对于维护野生植物资源来说，都必不可少。此外，保护和开发利用昆虫授粉资源，对于恢复植被和改善生态环境，具有重要作用。事实表明，在我国西部开发、退耕还林还草战略中，昆虫授粉媒介发挥着无法替代的作用。如蜂类为三叶草授粉可使其种子增产 4 倍，为苜蓿授粉可使其种子增产 2～4 倍。通过昆虫授粉，不但可以提高牧草种子的产量，而且还可以提高种子生命力和抗逆性。总之，昆虫授粉已经成为生态农业中不可缺少的一项重要措施。

由于人为的因素，野生昆虫数量锐减，许多植物授粉不足，一些植物资源的数量逐渐减少，特别是野生植物资源的生存发展必然会受到影响，严重的可导致物种的灭绝，进而导致整个植物群落和生态体系的改变。我国是一个生态状态十分脆弱的国家，现在政府广泛开展水土保持，防沙固沙，封山育林和退耕还林的工程。为确保工程的实施效果，保证每种显花植物的繁殖条件，保证授粉昆虫的数量，是改善我国日趋遭到严重破坏的生态环境，增加农业可持续发展的必要条件。

蜜蜂授粉可使农作物大幅度地增产，有些植物如果没有昆虫授粉将颗粒无收。试想如果没有蜜蜂授粉会出现什么情况呢？爱因斯坦曾经预言："如果蜜蜂消失了，人类只能生存四年，没有蜜蜂，没有授粉，没有植物，没有动物，没有人类。"2004 年美国在发表蜜蜂基因组序列的评论中称："如果没有蜜蜂，整个生态系统将会崩溃。"由此可见蜜蜂授粉意义的重大。

第三节　利用昆虫授粉的可行性

发展昆虫授粉是必要的，也是非常重要的。但是为什么不发展其他昆虫，而要将蜜蜂总科昆虫列为重要的、主要的授粉昆虫呢？这是因为蜜蜂总科昆虫本身具有可供利用的特点。下面以蜜蜂为例，介绍昆虫授粉的特性。

一、形态构造的特殊性

蜜蜂为了生存，在长期的进化过程中，也逐渐向有利于携带花粉的方向进化，因此形成了容易粘附花粉的绒毛和花粉筐等特殊器官。

蜜蜂的绒毛，尤其是头、胸部的绒毛，有的呈分支或羽状，容易粘附大量微小的、膨散的花粉粒，这对携带花粉和提高植物授粉结实具有特殊的意义。

蜜蜂的三对足不仅是蜜蜂的运动器官，而且还有采集花粉和携带花粉的重要作用。前足刷集头部、眼部和口部的花粉粒；中足收集胸部的花粉粒；后足集中和携带花粉粒。在后足上有花粉刷、花粉栉、花粉耙和花粉筐等特殊的构造。蜜蜂采集花粉的过程是：当跗节的花粉刷充分装满时，以左右足相互摩擦的方式，用胫节端部的耙把对面跗节花粉刷上的花粉刮下一小团，刮下来的花粉小团落在耳状突朝外倾斜的上表面，因此，当跗节向胫节合起来时，耳形突上的花粉就被向上挤，并向外压在胫节外表面，这里又湿又黏，从而把花粉粘在花粉筐的底部。这个过程反复进行，直至花粉团形成。一只蜜蜂可携带500万粒花粉，就是在蜜蜂回巢将携带的花粉团卸下后，留在身上的还有1万～2.5万粒花粉。蜜蜂身上所带的花粉粒比任何其他多毛昆虫都多，因此当一只蜜蜂在植物花丛中飞来飞去地采蜜采粉时，就达到传递花粉的目的。

壁蜂在腹部的腹面具有排列整齐的腹毛，被称做“腹毛刷”，是携带花粉的重要器官。

二、授粉活动的专一性

蜂群到一个新的场地后，或者每天清晨首先出巢的采集蜂，都会将采集到花粉的方位和离蜂箱的距离，用跳舞的方式告诉同伴，同伴一传十，十传百，以至全群采集蜂都到同一地点采集同一种植物的花粉和花蜜，直到将这一信息周围的全部花朵的花粉和花蜜都采完后，才会接受新的信息，转移到另一种作物上去。一般情况下，蜜蜂一次出巢不会在两种作物上采集。据席芳贵研究，西方蜜蜂喜欢在10～20平方米的小范围内采集，并较长时间集中地固定采集特定的品种，同时具有驱赶其他蜜蜂进入此区采集的特性，从而保证了同一种植物的授粉效果。

三、蜜蜂生活的群居性

蜜蜂属于社会性昆虫，群体越大生命力越强，生产力也越强。在昆虫种类中，蜜蜂是群体最大、数量最多的一种昆虫。在繁殖高峰，一群蜂可达到5万～6万只，一个中等群体有3万只。一只蜜蜂一次出巢可采访50～100朵花，每天出巢6～8次，经过测定，一群蜂可采集5万～5.4万蜂次，授粉次数多于其他任何单一群体的授粉昆虫。

四、蜂群的可运移性

蜜蜂经过一天的辛勤采集后，到傍晚都要归巢休息或者酿蜜育子，这表明了蜜蜂的恋巢性。当要转移蜂群为第二种植物授粉时，只需在前一天晚上关闭巢门，装上汽车，即可运到第二个授粉场地进行授粉。这一特点是其他授粉昆虫所无法相比的，从而保证了一群蜜蜂可以给不同地点、不同时间开花的一种植物或数种植物授粉。

五、蜜蜂饲料的可贮存性

蜜蜂为了生存，有贮存花粉和蜂蜜的习性。在植物开花季节，蜜蜂不辞辛苦，反复往返在花丛之间，不会像有些动物那样以胃内存物的多少来决定取食，蜜蜂将采到的花蜜或花粉暂存在蜜囊和花粉筐内，采满后，飞回巢房脱掉花粉团，吐出前胃（蜜囊）内的花蜜，然后再次出巢采集，保证了一只蜜蜂可无数次出巢为作物授粉。

六、蜜蜂授粉行为的可训练性

第一只蜜蜂到外界采到某种作物的花蜜回巢后，会用跳舞的方式将此种花蜜和花粉的位置及大概距离告诉同伴，通过这样的信息传递，从而在很短的时间内使整群蜂都到这个地方访花授粉。利用这一特点，可人为地利用有某种花香的糖浆诱导训练蜜蜂为目标作物授粉。

第四节　利用蜜蜂授粉的历史

我国在太古时期，人们在栽培紫莞、山茶等花卉时，就采用了异花授粉技术。国外较早提出蜜蜂具有授粉作用的，是德国的 Koelreuter 和 Sprengel。他们在 1750—1800 年出版的著作中，阐明了蜂和花的关系。1862 年，达尔文在研究遗传规律时也证实了昆虫授粉在提高坐果率和结实率方面的作用，对植物授粉和昆虫之间的关系进行了科学解释。1892 年，Waite 受美国农业部的支持，将蜜蜂应用到果树授粉上。他发现了梨树的花粉比较重，而且黏性大，不能自由飘浮在空气中，无法通过风来传播花粉，需要蜜蜂把花粉传递到其他花朵上。他还推荐在果园中释放一定数量的蜜蜂。如今，蜜蜂授粉作为一项增产措施，已经被应用于园艺农业实际生产之中。

第五节　昆虫授粉的研究应用概况

国际上科学发达的国家重视昆虫授粉，除将蜜蜂作为一种重要的授粉昆虫外，近年来对野生授粉昆虫也进行了大量的研究。目前，认为可被人们利用的野生授粉昆虫，有熊蜂、壁蜂、切叶蜂、黑彩带蜂、大分舌蜂、无刺蜂、大蜜蜂和小蜜蜂等。这里仅对近年来已被广泛应用并取得显著效果的蜜蜂、熊蜂和壁蜂的情况加以介绍。

一、国外昆虫授粉概况

（一）国外蜜蜂授粉概况

蜜蜂和农业的关系十分密切。随着现代化农业的发展，利用蜜蜂为农作物授粉，已成为一项不需扩大耕地，不增加生产投资，又不会产生副作用的增产措施。综合国外研究结果证明，蜜蜂为牧草、油料作物、果树和蔬菜授粉，增产作用十分显著（表2），已引起各国农业科研机构和生产单位的重视，并且逐渐扩大其应用范围和领域。

表2　国外利用蜜蜂授粉的增产效果

作物名称	增产（%）	试验国家	作物名称	增产（%）	试验国家
棉　花	18～41	美　国	青年苹果树	32～40	前苏联
大　豆	14～15	美　国	老年苹果树	43～52	前苏联
油　菜	12～15	德　国	苹果树	209	匈牙利
向日葵	20～64	加拿大	梨　树	107	意大利
荞　麦	43～60	前苏联	梨　树	200～300	保加利亚
甜　瓜	200～500	匈牙利、前苏联和美国	樱桃树	200～400	德国、美国
洋　葱	800～1000	罗马尼亚	叭达杏树	600	美　国
黄　瓜	76	美　国	紫花苜蓿	300～400	美　国
西　瓜	170	美　国	红苜蓿	52	匈牙利
芜　菁	10～15	德　国	亚　麻	23	前苏联
野草莓	15～20	英　国	蜡　果	700	美　国
黑莓、树莓	200	瑞　典	野豌豆	74～229	美　国

美国对蜜蜂授粉非常重视，近十几年来利用蜜蜂授粉的工作得到迅速的发展，实现了专业化和产业化，养蜂者已将授粉收入列为养蜂的一项收入来源。美国现有400多万群蜜蜂，农场和果园每年约租用100万群，为100多种农作物授粉，每箱蜜蜂的租金为20～35美元。

以加利福尼亚州的几十万群蜜蜂为例，有一半以上被庄园业主租去为作物授粉，授粉蜂群的租金收入有 2 500 多万美元，占养蜂总收入（4 200 多万美元）的 60%。美国每年利用蜜蜂授粉使农作物增产的价值将近 200 亿美元。为了保护养蜂业，充分发挥蜜蜂授粉的增产作用，在 20 世纪 70 年代，美国法律就规定因施用化学农药造成蜜蜂中毒死亡的，施药者对每群蜂要赔偿 20 美元。

美国农业部的农业研究中心 1994 年在制定近期蜜蜂研究室重点研究项目计划时，发现美国在近期会出现授粉蜂群短缺，可能对农业生产造成影响，同时认为有些地区已出现“授粉危机”，因此他们决定在国家 5 个重点研究室中，以 2 个实验室专门研究蜜蜂授粉与杀虫剂对蜜蜂的影响，解决为温室作物授粉的野生授粉蜂种的人工饲养和周年繁殖技术，以及授粉蜂种的运输技术等。

据美国农业部调查数据表明，1998 年用于租赁授粉的蜂群已达 250 万群，比 1989 年的 203.5 万群增长了 18.6%。增加的主要原因是杏树种植面积的增加。美国的农业增长速度与蜜蜂授粉有直接关系，1989 年蜜蜂授粉使农作物增加产值 93 亿美元，到 1998 年为 146 亿美元，增长 36.3%。

法国在 1970 年大约有 20 万群蜜蜂给农作物授粉，主要应用在果树和油菜上，发展很快，每群蜜蜂的租金为 30 法郎，蜜蜂授粉使农业增产的总价值为 500 万法郎。

意大利果农租用蜜蜂为果树授粉很普遍。果园农场租用蜜蜂授粉，每箱蜜蜂一个花期获得 2 500～3 000 里拉报酬。

罗马尼亚全国约有 100 万群蜜蜂。为了保证养蜂业能为农业提供足够的授粉用蜂，政府颁布法令支持养蜂。国家对养蜂业不收税；禁止在授粉作物开花期间喷洒农药；养蜂实行国家保险制度；养蜂饲料用糖由国家按市价减 10%供应；购买养蜂机具时，国家给予贷款或预付 40%的蜂产品价款；在授粉季节主管部门积极组织动员所有的蜂群为农作物授粉；凡为农作物授粉的蜂群由农业受益单位免费运输，并付给一定的经济补助。

保加利亚从1966年起，国家对为农作物授粉的蜜蜂不收运输费，积极鼓励养蜂者为果树、向日葵和苜蓿等作物授粉。有的农业部门还与养蜂者签订合同，每年定期去所在地放蜂授粉。保加利亚授粉实践证明，向日葵在没有蜜蜂授粉的条件下，每公顷产量为1 500千克；经过蜜蜂授粉后，每公顷产量增加到2 540千克。由于大面积栽种挥发性油料作物（香料），如丽山花、熏衣草和牛膝草等，需要蜜蜂授粉，棉花也需要蜜蜂授粉，因此保加利亚每年约有40万群蜂转地饲养。1970年，国家规定蜜蜂为果园授粉，每群可得5～10列瓦报酬，转运费用支出全部由果园承担。

日本也十分重视蜜蜂授粉。早在1955年颁布的《日本振兴养蜂法》就明确提出利用蜜蜂为农作物授粉，提高农作物的产量，增加收入。1984年，全国出租用于草莓授粉的蜜蜂就有74 300群，用于温室甜瓜授粉的有17 200群，为果树授粉的有20 700群，为其他温室外作物授粉的有2 360群。特别是利用蜜蜂为温室里的草莓授粉，每300平方米放置一群蜜蜂，草莓增产效果十分显著，比没有蜜蜂授粉的产量提高10倍。目前，日本出租用于授粉的蜂群有10万余群，几乎占总蜂群的一半。用于出租的蜂群都是带有产卵王的分蜂群，群势为4～6框，每箱蜂租赁费用为1.1万～1.5万日元，租用时间大约为3个月，在租用期间，养蜂者负责经常管理蜂群。

前苏联是世界上蜜蜂数量最多的国家，约800万群蜜蜂。早在1931年，全苏列宁农业科学院养蜂研究所就把蜜蜂授粉作为农作物增产的一项措施，研究如何提高蜜蜂授粉效率等问题，曾组织200多个国有农场进行授粉增产试验，证明了蜜蜂授粉可使棉花增产12%，向日葵增产40%，荞麦增产41%。因此，许多大型国有农场和集体农庄都建起了养蜂场，一般饲养500～800群蜜蜂，专门为自己农场的农作物授粉。此外，养蜂场还出租蜂群为其他地区的农场农作物授粉，每群蜂的租金依作物或果树品种不同而异。据全苏列宁农业科学院有关专家的计算，蜜蜂为农作物和果树等授粉，每年可使农产品的收入增值约 20 亿卢布，比养蜂直接获得的收入多 8～10 倍。1973 年，前苏联在其国内发现一种红壁蜂，经过多年研究，也实现了工业化生产，年繁育规模达 500 万头，可应用它为甜樱桃、酸樱桃和苹果授粉。

捷克斯洛伐克大约有蜜蜂 110 万群，有组织蜜蜂为农作物授粉的协调系统，每群蜂为一定的作物授粉，可获报酬 72～80 克隆。

印度早在 1905 年就成立了农业科学院昆虫研究所蜜蜂及授粉研究室，从事印度蜂育种及饲养技术研究，并研究印度蜂对农作物的授粉作用。全国人工饲养的印度蜂约 200 万群，蜂产品产值约为 2 000 万卢比。而养蜂在农作物授粉及森林树木制种方面，收益超过 2 亿卢比。

波兰全国大约有 250 万群蜜蜂，高等学校蜂学系的蜜源植物与授粉研究室负责蜜蜂授粉的研究。从全国来讲，为了增加作物和果树的产量，作物种植者在必要时都向养蜂者租赁蜜蜂授粉。为果园授粉，一群蜜蜂授粉时间为 2 周，租赁费相当于 8 千克蜂蜜的价值；给红三叶草授粉相当于 6 千克蜂蜜的价值；给苜蓿、荞麦授粉相当于 4 千克蜂蜜的价值。

加拿大全国有 60 多万群蜜蜂，为农作物授粉的效益相当可观。仅安大略省的蜂群每年为农作物授粉所产生的经济效益就达 6 500 万加元，生产 3 500 吨蜂蜜。据统计，直接或间接依赖授粉的农产品价值，全国约为 120 亿加元，全年收获的蜂蜜和蜂蜡的价值近 6 000 万加元。

(二)国外利用壁蜂授粉概况

日本首先开始对壁蜂属的几种野生壁蜂，进行人工驯化研究。从 20 世纪 50 年代起，日本学者田泰生和北村泰三等人，对日本的 6 种野生壁蜂的生物学、生态学及授粉力进行了 20 多年的研究，发现一种角额壁蜂，并将这种壁蜂发展成为苹果和李子的商业性传粉昆虫。1978年，岛根大学与bee-Tel公司合作，研制成功了该蜂的机制纸管巢，实行蜂具和蜂种的商品化生产，出售供给果农应用。目前，该蜂种在日本中部和北部的青森、岩手、秋田、山形和福岛大面积应用，对苹果、梨、桃、李和樱桃等果树，均有良好的授粉效果。

美国及欧洲各国，为了满足果园种植业的不断发展，以及对果树商业授粉用蜂的需要，在20世纪70年代初期，从日本引进角额壁蜂为苹果授粉，效果很好。美国还对本国收集的壁蜂种类开展了授粉研究，选择出较为优良的授粉壁蜂种蓝果园壁蜂。他们对这种壁蜂的生物学及人工繁殖技术，进行了一系列的研究。

前苏联的波尔塔夫农业试验站，从1973年开始诱集并收集到当地野生的红壁蜂，采取工业化方式进行繁育：年繁殖量有500多万头，能保证供应1 500公顷果园的授粉需要。从1986年开始实行商品化出售蜂茧。这种红壁蜂对几种甜樱桃、酸樱桃和苹果等果树的授粉，比自然授粉的坐果率高3.4～6.1倍。

南斯拉夫的角额壁蜂最适宜为早春低温开花的苹果树授粉，其授粉效果较为理想。

(三)国外熊蜂授粉开发利用状况

从早在1940年欧美国家开始熊蜂的人工应用技术研究，直到20世纪70年代，才将熊蜂作为温室的最佳授粉昆虫广泛应用。近20年来，在全球范围内掀起了设施农业应用熊蜂授粉的热潮。近几年熊蜂的人工繁育技术开始获得发展，目前只为少数几个农业发达国家所掌握，丹麦、荷兰、比利时、英国和美国，已经大规模工厂化繁育，年产量达数十万群，并向世界各地出口，每群售价200美元。

国外对熊蜂的研究应用较为深入，美国利用熊蜂为温室甜椒授粉，在果宽、果重、果实体积、种子产量和坐果，到收获的天数等指标方面，均有显著效果，不但改变了果品等级，还提高了大果和超大果实及四室果的百分比。日本除研究证实了熊蜂对番茄能增产20%外，还证实了坐果率高而稳定、果实均匀，且果个及维生素C与柠檬酸含量，均高于使用植物生长调节剂的单性果实，取得了比使用生长调节剂好得多的效果。新西兰90%能达到最低出口重量的甜瓜，是通过采用熊蜂授粉技术而获得的。波兰用熊蜂为温室雄性不育品种黄瓜授粉，使授粉植株种子产量获得345千克/公顷的可喜成果，显著优于切叶蜂、蜜蜂的授粉效果。果形好的果实产量是切叶蜂、蜜蜂的1.9～2.5倍。日本每年约进口6万群熊蜂为保护地授粉。日本不仅是熊蜂应用较好的国家，也是熊蜂研究较好的国家之一，小野正人·和田哲夫还著有《熊蜂生物学》一书。

荷兰每年有500公顷以上的番茄利用熊蜂授粉技术，现已建立了3个熊蜂授粉公司，每年向国内外有关客户出售商品性熊蜂及授粉技术。1990年，荷兰养蜂研究所成功举办了第六届国际授粉学大会，大会对熊蜂为温室作物的授粉功能大为推崇，倡议未来举办国际性熊蜂与授粉学研讨会。

二、国内授粉昆虫发展利用概况

(一)蜜蜂授粉概况

我国开展蜜蜂授粉研究，是从20世纪50年代初开始的，由中国农业科学院养蜂研究所与果树研究所在旅大市用蜜蜂为果树授粉，浙江农业大学陈盛录等人用蜜蜂为棉花授粉，都取得了显著的效果，开创了新中国建立后蜜蜂授粉的新局面。1990年，中国养蜂学会正式接受蜜蜂授粉的研究论文，并有一篇论文获中国养蜂学会优秀论文奖。1991年11月，中国养蜂学会在江苏省苏州市召开的理事会议上，通过并成立了蜜源与蜜蜂授粉专业委员会的决议，同时召开第一次学术研讨会。到1995年，我国蜜蜂授粉研究工作进入快速发展阶段，在甘肃省敦煌召开了以“蜜蜂授粉促农”为主题的学术研讨会，在会议交流论文中，授粉论文占一半还多，标志着我国蜜蜂授粉研究进入一个新阶段。

到20世纪90年代中期，蜜蜂授粉作为一项增产措施，相继在山东、河北、山西和福建等省、市推广应用，主要应用在草莓、果树、瓜类、蔬菜和油料植物，增产效果十分显著(表3)。

表3　我国利用蜜蜂授粉的增产效果

作物名称	增产(%)	作物名称	增产(%)	作物名称	增产(%)
油　菜	26～66	荞　麦	50～60	甜　瓜	200
向日葵	34～48	水　稻	2.5～3.6	柑　橘	25～30
蓝花子	38.5	棉　花	23～30	桂　圆	149
大　豆	92	苹　果	71～334	猕猴桃	32.3
砀山梨	8～9	蜜　橘	200	甘　蓝	18.2
紫云英	50～240	乌　桕	60	李	50.5
砂　仁	68	西　瓜	170	荔　枝	248
花　菜	440	莲　子	24.1	沙打旺	30
蓍　子	449.6	油　茶	87～98	黄　瓜	35

资料来源：http//www.chtxbee.com

许多果农愿为养蜂者承担运费，有的还支付每群50～80元的授粉报酬，并保证在花期不打农药，以保证蜂群的安全。在有些地区，特别是草莓授粉期，曾出现授粉蜂群不足的现象，但这仅是一种局部现象。全国的发展很不平衡，我国拥有800万群蜜蜂，用于授粉的蜂群尚不足1%。影响授粉的主要原因，一是蜜蜂授粉的增产作用宣传力度不够，农民还不知道；二是养蜂人和农民的配合上有些不协调。这正是下一步扩大蜜蜂授粉面积需研究的重点。

我国的蜜蜂授粉现状，概括起来说是蜂农比农民急，农民比政府急。之所以这样讲，是因为在现实当中，有些科学不发达的地区，不但认识不到蜜蜂授粉的增产作用，反而认为蜜蜂采蜜时带走了花的营养，咬坏了花，影响了他们的生产，因此就出现了干扰和驱逐养蜂者放蜂的现象。也有些科学意识较高的地区，有些农民尝到了蜜蜂授粉增产的甜头，积极欢迎养蜂者前来授粉。但是其他农户不但不承担租蜂费用，甚至在花期施用农药，干扰了授粉蜂群的正常生产。近期在蜜蜂产业化体系的调查中，诸多果农和蜂农对蜜蜂授粉表现出了强烈的愿望，苦于政府部门不组织，不管理，因而妨碍了蜜蜂授粉技术的应用与推广。

经过我国蜜蜂授粉科技工作者坚持不懈的努力，蜜蜂授粉已经应用到棉花、蔬菜生产、制种、油料作物和果树生产上，同时还针对某种植物研究了专用蜂箱。随着各项配套技术的不断完善，蜜蜂授粉这一农业增产措施，势必在农业生产中发挥更大的作用。

(二)壁蜂授粉概况

1987年，中国农业科学院生物防治研究所等单位，从日本引进角额壁蜂的蜂茧和蜂具，并收集了美国、日本的有关壁蜂研究资料，开始在我国北方果区对该蜂种的适应性、建立种群的可能性，以及该蜂的生物学及传粉效果，进行了较为详细的研究，开创了我国壁蜂研究利用的先河，在我国发现凹唇壁蜂、紫壁蜂、叉壁蜂和壮壁蜂四个壁蜂品种。研究人员对北方诱集到的凹唇壁蜂和紫壁蜂进行了形态学、生物学、生态学及释放技术的系统研究。对各种壁蜂的传粉作用有了系统的认识；并不断改进壁蜂的释放技术，扩大了各种壁蜂的种群数量，实现了壁蜂为杏、大樱桃、桃、梨和苹果树授粉，还有一些研究单位取得了用壁蜂为大白菜、甘蓝植株授粉提高种子产量的成功经验。

在全国各地组织了多次应用壁蜂授粉技术培训班。北京市、陕西省、甘肃省和辽宁省等十几个省市，开展壁蜂授粉试验示范工作，也有一些地区的果园和个体果农，自筹资金引进壁蜂，推广利用壁蜂授粉增产技术。

根据我国壁蜂授粉利用的发展情况，估计全国可利用的壁蜂数已达 1 千万头以上，可为 8 500～10 000 公顷果园授粉。而全国主要落叶果树的栽培面积估计在 135 万公顷左右，可见壁蜂授粉面积很小，我国利用壁蜂为果树授粉尚处于起步阶段。

(三)熊蜂开发利用概况

我国在 20 世纪 90 年代初期，从国外引进现代化温室，其中为保护地植物授粉的熊蜂也是引进的技术之一。一群熊蜂的引进价格高达 200 美元，这种高价格引起我国政府和科技工作者的重视。中国农业科学院蜜蜂研究所梁诗魁 1995 年首次立项，开展熊蜂繁育技术研究。经过数年的努力，2001 年中国农业科学院蜜蜂研究所突破了诱导蜂王产卵、新蜂王交配、熊蜂王的保存、抑制工蜂产卵等关键技术，解决和掌握了熊蜂周年繁育的技术难点，在国内首次研究和设计了熊蜂人工繁育室和交配室，设计制造了熊蜂繁育箱和商品蜂群专用箱，并将繁育成本降低到 300 元左右，已具备了规模化生产的条件。随后，北京农林科学院情报信息所、山西省农业科学院园艺研究所和吉林养蜂研究所等多家科研单位，也在以上项目的研究方面获得成功，为熊蜂开发利用打下了基础。

中国农业科学院蜜蜂研究所熊蜂课题组，将熊蜂应用到保护地番茄、草莓、黄瓜、西瓜和杏等十多种蔬菜水果作物上，获得显著的增产效果。为了开发利用我国本土熊蜂资源，他们对华北、西南和东北的熊蜂资源进行详细的调查，查明了 60 余种熊蜂品种，并对这些品种进行人工繁育研究，适合人工工厂化繁育和具有授粉价值的熊蜂品种，有密林熊蜂、红光熊蜂、明亮熊蜂、火红熊蜂和小峰熊蜂等 5 个品种。

熊蜂授粉的增产效果是非常显著的。但是，它在我国仅应用于投资很大的现代化温室中，在普通的日光节能温室和大棚中尚未铺开，其主要原因是熊蜂授粉成本太高。还有一个关键的原因是我国尚未实行生长调节剂在蔬菜生产中的限制政策。随着人民生活水平的提高，对食品安全和绿色食品要求的提高，禁止生长调节剂的使用势在必行。到那时，熊蜂授粉的重要作用，必将引起人们的高度重视。

第二章　昆虫授粉的增产机制

昆虫授粉的增产机制，主要是昆虫使植物及时和较好地实现异花授粉，昆虫采集花粉后将异花的花粉带到花器官上，实现受精，受精后产生一系列的生理反应。对于丰富其遗传物质基础，提高其适应能力和抗逆性，具有不可替代的作用，是提高作物产量和改善品质的主要原因。蜜蜂是蜜蜂属中数量最大，授粉能力最强的一种。本章以蜜蜂为例，论述蜜蜂属昆虫授粉的增产机制。

第一节　花的构造

昆虫授粉主要是相对于被子植物而言。被子植物也叫有花植物。其花瓣颜色艳丽，花朵散发出芬芳的香味，分泌出味甜的花蜜，是为了吸引昆虫来采食，同时实现花粉传递。蜜蜂依靠花来生存，许多花又要靠蜜蜂授粉来繁殖。为了提高蜜蜂授粉的效果，增加养蜂业的经济收入，提高昆虫授粉的社会效益和生态效益，就应对花的构造和受精的生理过程，有个基本的了解。

花的一般构造见图 1。其外层通常为绿色，包着花蕾的叫做花萼，它的每一瓣称为萼片。花萼内部是花冠，由不同数目和不同形状的花瓣组成，花瓣在花授粉受精后掉落。花萼和花冠组成花被，其主要作用是保护花的器官和吸引授粉昆虫。

花的重要器官位于花被里面，其中有雄蕊和雌蕊。雄蕊是花的雄性器官，不同种作物雄蕊的数目和排列方式不相同，每个雄蕊有一细长的丝状柄，顶端有一个囊状的花药，里面产生花粉粒，总称为花粉。花药里的花粉成熟时，花药皮开裂，以不同的方式把花粉释放出来。有些植物的花粉黏性小，重量轻，水分少，被风轻轻

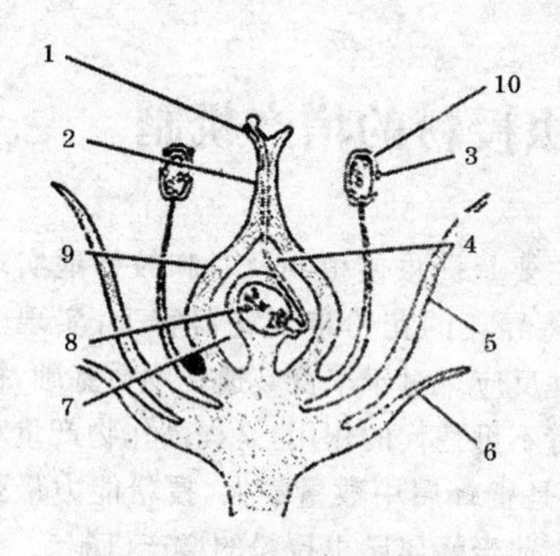

图1 花的一般构造

1. 柱头 2. 花柱 3. 花粉粒 4. 花粉管 5. 花瓣 6. 萼片 7. 心皮 8. 胚珠 9. 子房 10. 花药

一吹，便随风在空气中飘荡，这一类花叫风媒花，如小麦、高粱和水稻等作物的花就是此类花。还有一些植物的花粉是有黏性的，必须由授粉昆虫等其他动物将其带到其他花朵上去，才能完成授粉和受精，这一类花叫虫媒花，如西葫芦、果树、西瓜等植物的花就是虫媒花。

完全花最里面的部分是一个或几个雌蕊。雌蕊通常分为三部分，基部是子房，伸出一个细长的颈，叫花柱，在花柱的顶端有一个形状各异的柱头，通常表面粗糙并有黏性。柱头的作用是接纳花粉，为花粉的萌发提供一个适宜的场所。

子房是花的重要部分，它含有胚珠。有的花在雌蕊中产生一个胚珠，有的花产生 1 000 多个胚珠。胚珠受精以后形成合子，合子进一步发育再变成种子，子房或附属部分变成果实。

第二节 受精生理

对于以种子或果实为收获对象的作物而言，有性繁殖的每个环节，如花的形成和开花、授粉和受精、胚和胚珠的发育，均会影响到产品的产量和质量，昆虫授粉就是通过保证这些作物充分授粉受精，来提高其产量和品质。

成熟的花粉通过传粉媒介落到雌蕊柱头上，在柱头分泌物的刺激下吸水萌发，形成花粉管。萌发的花粉管沿着花柱内的引导组织伸长，最后进入胚囊，花粉管顶端破裂，释放出细胞质、营养核和两个精核，一起流入胚囊，两个精核分别与卵细胞和极核相融合。花粉萌发和花粉管的生长有群体效应，即在一定面积内花粉数量越多，萌发生长越好(图 2)。花粉落到柱头上能否萌发，花粉管能否生长并通过花柱组织进入胚囊进行受精，取决于花粉与雌蕊的亲和性。在自然界中，约有一半以上的被子植物存在自交不亲和性。

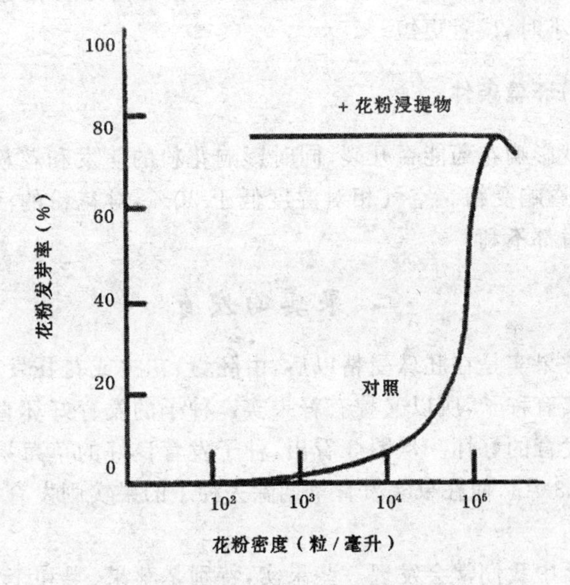

图 2　花粉密度对矮牵牛花粉萌发的影响

一、影响受精的因素

(一)花粉的活力

从花药中刚散发出来的成熟花粉，其活力最强。随着时间的延长，花粉的活力逐渐下降。花粉的活力不仅关系到受精效果，还可能影响以后籽实的发育。

(二)柱头的生活力

柱头的生活力关系到花粉落到柱头上后能否萌发，花粉管能否生长，因此直接关系到受精的成败。一般情况下开花当天活力最强，以后逐渐下降。有些植物花柱头具有活力的时间长些，开花几天后，柱头仍有活力。但有些植物柱头具有活力的时间很短，只有 4～5 小时，或者更短。

(三)环境条件

温度影响花药能否开裂，同时影响花粉的萌发和花粉管的生长，从而影响受精。空气相对湿度低于 30%，对花粉的活力和花柱的活力都不利。

二、果实的发育

通常果实是在胚珠受精以后，由胚囊、花被或花托发育而成。这种果实有种子，所以又称有籽果实。种子的发育好坏直接关系到果实发育的好坏。从图 3 看出，种子发育良好的草莓果实发育饱满(图 3-A)，而在果实发育早期除去种子的果实则发育很差(图 3-B)。

生活中我们常会发现一些果实，特别是苹果、梨和李子，一半发育正常，一半发育不好，形成歪果，这主要是发育不良的一边，是授粉受精不良、种子发育不好所致(见图 4)。

第三节　昆虫授粉的增产机制

昆虫授粉的增产机制，前人做过大量的调查研究。这里以主

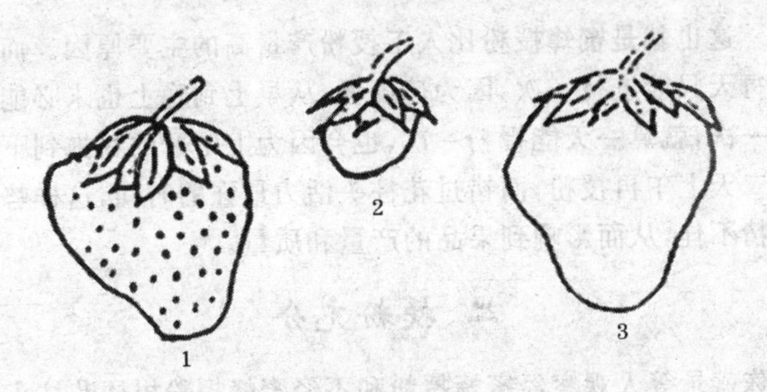

图 3　种子对草莓果实发育的影响

A. 有籽果实　B. 发育早期去籽的果实　C. 去籽幼果经生长素处理

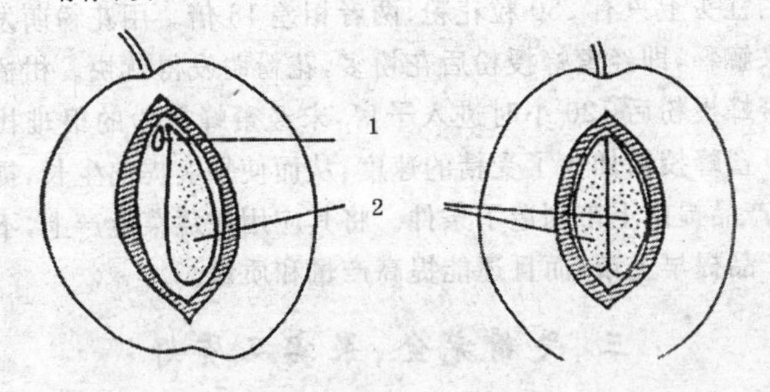

图 4　李子果实内种子发育对果实发育的影响

1. 胚珠　2. 种子

要授粉昆虫蜜蜂为例，介绍昆虫的授粉机制。

一、最佳时间授粉

一般在植物开花初期的一段时间内，柱头的活力最强。蜜蜂授粉之所以比人工授粉和自然授粉效果好，是因为蜜蜂不间断地在田间飞行活动，每分钟内都要到花的柱头上擦拭几次，会在柱头活力最强的时候，将花粉传到上面，使花粉萌发，形成花粉管，实现受精；再加上植物和昆虫协同进化的原因，一般昆虫飞行采集花粉的适宜温度，正好是花药开裂的温度，也可以说是最佳的授粉受精条件。这也就是蜜蜂授粉比人工授粉产量高的主要原因。而人工授粉每天只能进行一次,因为速度慢,从早上到晚上也未必能完全授粉一次,就算一天能授粉一次,也会因为上午开的花拖到下午或者第二天上午再授粉,而错过花柱头活力最强的时间,这样势必造成受精不佳,从而影响到果品的产量和质量。

二、授粉充分

陈盛录等人观察经蜜蜂授粉和不经蜜蜂授粉柑橘花柱头上的花粉数量后发现,蜜蜂授过粉的柱头上有 4 000 粒花粉,未经蜜蜂授粉的柱头上只有 250 粒花粉,两者相差 16 倍。用花粉萌发群体效应来解释,即经蜜蜂授粉后花粉多,花粉萌发得就快。柑橘花花粉经蜜蜂授粉后 120 小时进入子房,未经蜜蜂授粉的很难找到花粉管。蜜蜂授粉加快了受精的速度,从而使果实提前生长,提早成熟,给产品提前上市创造了条件。将其应用在蔬菜生产上,不仅能实现产品提早上市,而且还能提高产量和质量。

三、受精完全,果实品质好

蜜蜂授粉使花柱头上的花粉多而且及时,为子房中的胚珠都能得到精子创造了条件。经蜜蜂授粉后,花柱头上的花粉数量是其所需花粉数量的上千倍,保证了各种子所需的花粉数量,这样就不会因为哪一个子房的胚珠因未受精,而影响果实的发育造成畸形果,从而为提高果实的商品质量创造有利条件。

四、异花授粉提高农作物产量

前苏联干纳基通过研究棉花的授粉和受精,发现棉花柱头上自花的花粉粒,2 小时尚未萌发,但异花花粉落到柱头上只需 5～10 分钟就开始大量萌发。目前虽然有些植物自花授粉也可以结实,但采用蜜蜂授粉将异花花粉带到柱头上,花粉更容易萌发,更容易完成受精过程，使果实提早进入生长状态，从而实现提前上市，提高产量的目的。

五、蜜蜂授粉使植株生长进入兴奋状态

蜜蜂授粉使植物提早受精，受精后植物产生一系列受精生理反应。受精后合子生成，合子中生长激素的合成速度加快，数量增多，刺激营养物质向子房运输，促进果实和种子发育。陈盛录等人通过用放射性元素^{32}P和^{14}C示踪观察发现，蜜蜂授粉后植物向幼果输送所吸收或合成的各种营养物质，比无蜜蜂授粉的快得多。由于植株向幼果输送营养物质的作用增强，避免了因营养不良而使果柄处产生离层，导致营养障碍而大量落果，这也是提高坐果率和结实率，从而实现增产的又一个原因。

六、蜜蜂授粉可充分利用有效花

1993 年，河北省焦南良王明亭的梨园发生了百年不遇的冻害，经县林业局勘查认定，其受害率为 20%～85%，果农认为减产已成定局，人工无法识别哪些花受冻，哪些花未受冻，人工授粉根本无法进行。后来采取试一试的心理，在 7 000 平方米梨园中摆放了 24 群蜜蜂，蜜蜂根据生活需要选择有蜜有粉的花朵采集，无意中进行了选择，这些花虽然都程度不同地受了些轻霜冻，但花器官基本正常，经蜜蜂采集后也达到了授粉的目的。梨园花受冻后，雌蕊柱头有活力的花就相对减少，由于蜜蜂能使这些有效花充分受精，使未受冻的花坐果率提高到 100%，结果与其他梨园形成鲜明对比，坐果率明显提高，并且结果比较均匀，提高了梨果的品质，产品出口达标率为 90%，比往年出口达标率提高了 60%。此外，人工授粉时低处授粉较好，结果多，而树梢不易操作，挂果少，因此形成树顶端徒长，影响产量。而蜜蜂授粉则克服了这种现象，仅此一项即可增产 25%。蜜蜂授粉是有选择性的，不是有花就采，而

是选择那些健壮鲜艳的花朵进行采粉。果树受冻时蜜蜂授粉能挽回损失的实例不只是这一例，近年来相关的报道还很多。2008 年笔者等人在山西省榆次市北田乡开展蜜蜂为富士和新红星苹果授粉研究时，正遇当地当年发生花期冻害，蜜蜂授粉区的坐果率比自然授粉坐果率虽然只提高了 14.7%和 26.3%，但是产量却分别提高了 2.19 和 2.56 倍。这就说明蜜蜂授粉充分利用了有效花。

第四节　授粉昆虫与植物的相互关系

昆虫是陆生动物中一个古老的类群，是随着植物向陆地发展和进化而逐步形成的节肢动物的一个分支。昆虫在进化过程中长盛不衰，不断发展，在协同进化过程中与植物建立了直接或间接的复杂关系，授粉昆虫与显花植物在协同进化过程中建立了相当密切的关系。可以说，如果没有显花植物，也就不可能产生授粉昆虫。它们之间的协同进化建立了互惠关系和昆虫之间的竞争关系。

一、协同进化

人们早就知道，昆虫授粉涉及协同进化的过程，而且该过程已进行了 2.25 亿年。远在类似于植物花的结构成为食物来源之前的石炭纪，有翅昆虫就大量存在。即便是捕食性昆虫，也是在中生代之前出现的。早期的全变态昆虫在石炭纪后期、二叠纪、三叠纪就已经开始繁盛起来，由于幼虫适应于隐蔽的食物场所，而这些场所又不可能被成虫占有和利用，因此，在历史上第一次出现许多成虫寻找不同于幼虫的食物来源，这些成虫是具颚类的，它们都是潜在的授粉者。

早期植物的花比较小(5 毫米大小)，具有复合花序的外形，都必须由昆虫授粉。随着时间的推移，花逐渐变大，大约在 1.4 亿年前，花的横径增大到10～12厘米。虽然Smart和Hughes(1973)认为这么大的花与当时鸟类的出现有关，但是，很可能在鸟类及其他飞行动物出现以前，许多昆虫就具有授粉作用了。如果没有昆虫的存在，很难想象被子植物怎么能以如此快的速度爆发性地繁衍和扩散。原始的被子植物如木兰科和睡莲科在中生代后期就有化石记载，它们至今还是依靠昆虫授粉。在被子植物出现后，显花植物与授粉昆虫通过协同进化和发展，形成了相互依存、相互促进的密切联系。显花植物的花具有颜色和香味，有的花还有花蜜和花粉。授粉昆虫需要以花粉、花蜜为食。花的颜色和香味引诱授粉昆虫接近；授粉昆虫根据花的颜色和香味作为食物的信号，而采集花粉和花蜜，在取食或采集花粉、花蜜的同时，完成授粉过程。显花植物与授粉昆虫的特化程度是相当高的，这是协同进化的结果。

授粉昆虫的群居生活和社会性生活，为增强自身的竞争力和获得大量食物提供了有利条件，这是种内个体之间的协同作用。然而，对于授粉来讲，不同种昆虫之间的协同授粉作用更重要。Chagnon，Gingras et a1.(1993)对西方蜜蜂和印度蜜蜂在草莓上的授粉情况进行了研究。他们发现，如果从授粉昆虫的数量和访花速率来看，西方蜜蜂的授粉效率高于印度蜜蜂；但是，当授粉昆虫较少时，西方蜜蜂喜欢采集植株顶端的花，而印度蜜蜂则喜欢在植株下部的花上进行采集授粉，二者对草莓的授粉过程起了相互补偿的协同作用。

二、互惠关系

在长期的进化过程中，植物与授粉昆虫之间还建立了一种互惠共生的关系。一方面，植物因授粉昆虫的活动而完成授粉过程，物种得以繁衍和进化；另一方面植物的花粉和花蜜是授粉昆虫重要的食物来源，如蜜蜂已进化到专食花粉花蜜的程度。

互惠关系是植物与授粉昆虫之间的一种重要关系。然而，由于这种互惠关系的全貌至今未被充分揭示，所以，人们并没有完全认识到这种关系的重要性。科学家提出了协同进化一个重要的确信无疑的证据，他们认为，含有蔗糖、葡萄糖和果糖的花蜜是能量来源，而用于合成蛋白质的氨基酸则必须通过采集花粉获取。显然，植物的花粉和花蜜能够同时提供昆虫的全部营养物质，那么它的采集活动就会集中在花上，使授粉效果有很大提高。

花蜜和花粉并不是植物的花提供给授粉昆虫的唯一回报物，有相当多的植物种类还会产生特殊的分泌物、树脂、树胶、性引诱物及其他产物。

三、竞争关系

如果授粉者不加区别地访花，那么，任何一种植物异花授粉的可能性都会降低。如果各种植物开花时间错开，以便同一群授粉者可以采集同一种开花植物，那么，其异花授粉就更加有效，植物对授粉者的竞争也会减少。在春季，先是授粉昆虫争夺植物的花朵，但在大批植物开花后，则是植物的花对授粉昆虫的竞争。

蜜蜂被公认为是最重要的授粉昆虫之一。研究人员曾对蜜蜂在授粉过程中的竞争关系进行了深入的研究，结果表明，不同蜂群之间存在一种动态的相互作用。在一定区域内，春季首先开花的植株，将会有一群蜜蜂来采集和利用，并阻挡其他蜂群进入这个区域采集花粉。其他蜂群不能在已被占领的地域上采集，只能在该地域上空随机地飞翔，伺机寻找新的食物目标，当有新的植物开花时，这些蜜蜂就会成为专一的采集者，并保护该地域不被其他蜂群侵入和采集。这第二种食物源并不会吸引第一群蜜蜂，而其他新来的蜜蜂则会在该地域上空盘旋，直至找到新的食物源为止。当只有一种植物开花结束时，就会引起授粉昆虫对花粉的竞争，竞争的结果是迫使有些蜂群转移到其他地域去采集，最终建立一种平衡。

第三章　昆虫授粉的评价

蜜蜂授粉的经济效益、社会效益和生态效益，目前在我国尚未引起足够的重视，对授粉效果的科学评价仍是一个薄弱的环节，国际上至今也尚未形成一个统一的评价体系。为了使蜜蜂授粉技术在现代农业发展中得到不断的发展、完善和规范，下面介绍昆虫授粉效能和授粉经济效益评价方法，以便大家在使用过程中渐渐将其完善和发展。

第一节　昆虫授粉效果的评价

在昆虫授粉的研究和应用过程中，需要对各种昆虫的授粉效果进行比较与评价，以期选择对作物授粉最有利的昆虫。对授粉效果的评价涉及因素较多，既有植物方面的形态结构及泌蜜泌粉时间，又有昆虫方面的形态、数量、活动时间、行为方式以及与其他昆虫的相互作用等。单纯采用哪一个标准来衡量某种昆虫的授粉效果，都有明显的缺陷，因此应用时应全面考虑，统筹兼顾。对于具体的授粉昆虫和对象作物，要从形态、生理和昆虫的数量、活动时间、访花速率、行为及其与其他昆虫的竞争或协同作用等方面作具体分析，结合植物和其他的授粉昆虫，综合考虑各方面因素，从一个系统的角度去考察昆虫的授粉效果，这样才能对授粉昆虫的授粉效果作出一个比较客观正确的评价。

目前，评价的标准主要有授粉昆虫的数量、采集活动的时间、访花速率、结实率和概率等指标，这几个指标在一定程度上能反应授粉效果的好坏。

一、授粉昆虫与植物

昆虫授粉效果的评价，应与对应的植物联系起来。某种昆虫的授粉效果应是一个具体的概念，不能离开对应的植物来评价。授粉昆虫与开花植物之间，经过长期的协同进化，共生关系十分密切，有些授粉昆虫只采集少数几种甚至是一种植物的花，植物的花也具有相应的外部结构、生理状态和开花泌蜜时间。因此，授粉昆虫在采集适应于其形态、生理及活动的植物时，具有较高的授粉效果，而对于其他植物则不一定具有较好的授粉效果。

二、昆虫数量

授粉昆虫数量的多少，对授粉效果的好坏具有重要的作用。因此，常常以昆虫数量作为授粉效能的评价指标。授粉昆虫数量的多少直接影响授粉的效果。但是，绝不是授粉昆虫越多越好，过量授粉不仅浪费昆虫资源，而且给实际生产会带来麻烦，增加劳动负担。

三、活动时间

授粉昆虫飞行采集活动时间的长短，也是评价昆虫授粉效果常用的一个指标。一般认为，活动时间越长，授粉效果越大。实际上，这涉及到植物的生理状态。植物开花泌蜜是体内外各种因素综合作用的结果，其授粉受精只有在一定的条件下才能完成。例如，南方的主要蜜源植物——荔枝，只有在经过一段 2℃～10℃低温后，在 18℃～25℃的气温条件下，于 7～10 时进行泌蜜泌粉活动，在此时间之外则不泌蜜泌粉；而在植物泌粉时间之外的采集活动则是无效的。所以，以采集活动时间的长短作为衡量授粉效果的指标时，应考虑到植物泌蜜泌粉活动的时间和气候因素对花粉活性的影响。

四、访花速率

以访花速率作为授粉效能的指标，能够体现授粉效果的好坏，昆虫在单位时间内访花数量的多少能体现其授粉能力。单位时间内采集次数过多或过少，授粉效果都不一定好。但昆虫在花上的行为对授粉效果影响很大。如果授粉昆虫落在花上时发现该朵花不适于采集而立即飞走，那么这样的一次访花对授粉没有效果，访花速度虽然很快，但是授粉效果不一定就好。在每朵花上的活动时间长，使得所访问的花都得到比较充分的授粉，从授粉的角度来说，其效率未必就比访花速率高的低。因此，以访花速率作为授粉效果的指标时，必须确定其访花行为是一次有效采集。

五、授粉昆虫的行为

在授粉过程中，授粉昆虫的行为对授粉的影响非常重要。由于异花授粉给植物带来遗传上的优势，植物在长期进化过程中形成了适于异花传粉的形态及生理机制，像雌雄异株、雌雄异花、雌雄蕊异长和雌雄蕊异熟等。因此，授粉昆虫是在不同植株之间往复采集，还是在同一植株上连续采集，是连续采集同一性别的花，还是在两性花之间进行采集，对授粉效果都有很大的影响。在研究蜜蜂采集行为时，人们发现有专门采粉的蜜蜂，而另一些则只采集花蜜，还有的两者都采集。采粉蜂的传粉授粉效能较高，而只采集花蜜的蜜蜂则传粉效能较低。因此在研究昆虫授粉时，必须对授粉昆虫的行为进行仔细研究，只有这样才能对昆虫的授粉效果作出正确的评价。

六、结果率或结实率

室内授粉研究排除了其他昆虫的影响，以结果率或结实率来衡量授粉效果比较客观。但是，授粉研究的主要对象是大田植物授粉，也是授粉研究的主要目的。在大田这样的开放环境下，传粉授粉活动并不是单独一种授粉昆虫在起作用，不能排除其他昆虫的授粉或竞争作用。因此，野外授粉研究以结果率作为授粉效果的衡量指标，必须先了解授粉系统中所有昆虫之间的关系是竞争还是协同作用，两者的作用到底有多大。

七、授粉概率指标(PPI)

访花专一性，或者访花忠诚度，是指某一种授粉植物要求它的访花者具有单一种类或形态的倾向。物种的这种访花专一性能够促进异花授粉，对植物本身而言是有利的。也有人认为，访花专一性对蜂也是有利的，寻找蜜腺位置更有利，它能够使蜂的采集速度更快，而且也能够保证生产大批量的同种蜂蜜和花粉。为此，几十年来，人们通过各种各样的方法，如野外采集行为观察、利用假花的选择性试验、理论模型和花粉分析等，来研究访花专一性。这些传统的花粉载量分析，只是计算昆虫采集的花粉载量中单一花粉的比率，或者是蜂所采回巢房的某一种花粉占总花粉的比率。但是，这些评价方法没有考虑到采集该花的蜂的比例，所以它不能准确反映访花专一性和授粉效果。直到 1999 年，拉尼曼等人提出了一个用花粉载量分析来测算访花专一性的新指标，既考虑到了蜂采集的某一花粉的比率，也考虑到了采集该花粉的蜂的比率。这个指标既能反映蜂的访花专一性，也可用来估算植物的授粉概率。下面以拉尼曼等人的试验为例，来介绍授粉概率指标的测算方法。

(一)试验蜂种和蜜粉源植物

授粉昆虫是熊蜂。授粉植物是金丝桃、番樱桃、风箱树、蓝刺头和鼠尾草，这 5 种植物的蜜汁与花粉在当地均是熊蜂的主要食物来源。

(二)花粉分析

在采集高峰期抓捕熊蜂，然后立即放入独立的小玻璃瓶内，先用无水乙醇对熊蜂身上的花粉冲洗3次，然后用丙酮醇溶化，通过测定花粉色谱就可知道花粉种类，同时要记下每一种类型的花粉粒数。对于抓自同一种植物上的熊蜂进行同样的处理。

(三)数据分析

计算出在每一种树上抓捕熊蜂的个体花粉载量，通过平均值求误差。用单行性的方差分析方法来检测蜂在植物上的采集效果和载量中花粉差异的辛普森指标。用图基测试方法来比较差异变化(表4)。

表4　熊蜂在植物上的采集数据

采集植物	主要食源	N	花粉粒总数			辛普森差异指标		
			平均值	误差	图基测试	平均值	误差	图基测试
风箱树	花　蜜	34	86	5	B	3.19	0.28	A
蓝刺头	花　蜜	19	54	13	B	3.45	0.35	A
金丝桃	花　粉	16	225	56	A	1.31	0.02	B
番樱桃	花　粉	32	254	42	A	1.59	0.14	B
鼠尾草	花　蜜	76	25	6	B	3.14	0.15	A

在表4中，N表示在每一种植物花上抓捕的熊蜂数，平均值表示在这些植物上抓捕的熊蜂所携带的平均花粉粒总数，误差表示这些蜂所携带的花粉粒在种内的平均差异。计算出在每一种花粉载量中该种花粉的百分比(PCP)，和采该种花粉的蜂的百分比(PBP)，就可计算出这种树的授粉概率(表5，PPI＝PCP×PBP)。

表5　授粉概率指标计算

采集植物	主要食源	PCP	PBP	PPI
风箱树	花　蜜	0.04	0.21	0.01
蓝刺头	花　蜜	0.10	0.63	0.06
金丝桃	花　粉	0.98	1.00	0.98
番樱桃	花　粉	0.82	1.00	0.82
鼠尾草	花　蜜	0.42	1.00	0.42

在表5中，PCP表示混合花粉载量中该种花粉的比例，PBP表示采集该种花粉的蜂的比例，计算所得的PPI表示该种植物的授粉概率指标。

PPI值的大小，表示熊蜂采集这种植物的访花专一性。PPI值越大，表明熊蜂对于这种植物的访花专一性越强，也就是说熊蜂对于这种植物的授粉概率越大。PPI范围从0到1，PPI为0的情形说明在那儿熊蜂根本没有采集这种花粉；PPI为1的情形说明在那儿所有的熊蜂只采这种花粉。通过这种方法检查的蜂采粉情况，能反映出某一特定植物的授粉概率。利用这种方法，不但可以比较同一种蜂对于不同植物的访花专一性，而且可以比较不同蜂种对于同一种植物的授粉概率。通过计算不同蜂种的PPI值和差异变化指标，就可知道对于这种植物哪一种蜂的授粉概率高，哪一种蜂的授粉概率低。这一点在农作物和果树的授粉应用方面非常重要，人们应该根据不同的作物或果树来选择授粉蜂种。

第二节　昆虫授粉经济效果的评价

昆虫授粉后，人们总要对其经济效益的大小进行计算和统计。现将目前常用的几种评价方法介绍如下：

一、产值比较法

美国和加拿大等国目前采用这种方法进行评价。即将需昆虫传粉或由昆虫传粉而受益的各种作物的价值总和，与全国蜂产品价值总和形成一个比值，来评价蜜蜂授粉对国民生产总值的贡献。

例如美国农业部1980年对蜜蜂授粉经济效益的评价，就是一个产品比值实例。1980年靠昆虫传粉或由昆虫传粉而受益的129种作物及其价值如表6所示。

从表中可以看出，所列农作物和商品总价值接近190亿美元，如果将一些像南瓜、荞麦一类的小作物也包括在内，其总值接近200亿美元，而1980年蜂蜜及蜂蜡产值为1.4亿美元。也就是说蜜蜂授粉给社会的贡献是养蜂业本身的143倍。在养蜂业总收入中蜜蜂授粉收入仅占9.7%。

加拿大1982年蜜蜂授粉后直接和间接依赖蜜蜂授粉的农产品的价值为120亿加元，而当年收获的蜂蜜和蜂蜡的价值还不足6 000万加元，蜜蜂授粉的收入是养蜂收入的200倍。

表6　美国1980年需要授粉或蜜蜂授粉的直接经济效益

（单位：千美元）

浆果或坚果		种子及纤维	
种　类	效　益	种　类	效　益
苹　果	757027	苜　蓿	114652
杏	33705	红三叶草	16176
鳄　梨	121293	杂种三叶草	3941
浆果类	62263	白三叶草	1433
樱　桃(酸)	43648	胡枝子	2628
樱　桃(甜)	91812	大豆(1/10)*	1382494
橘　类	61319	向日葵	410377

续表 6

浆果或坚果		种子及纤维	
种 类	效 益	种 类	效 益
柠 檬	37559	棉籽(1/10)*	57693
红 橘	26816	棉纤(1/10)*	407831
柑橘类	25020	利马豆	25137
酸果蔓	88674	亚 麻	59054
茄 子	10411	蔬菜种子	60000
油 桃	44468	总 计	2541416
桃	368004	由蜜蜂授粉的种子产物	
梨	174876	洋 蓟	27473
石 榴	3516	芦 笋	82118
洋梨和梅	13777	花茎甘蓝	55286
草 莓	288776	汤 菜	15706
甜 瓜	161133	白 菜	175211
黄瓜(鲜)	116260	胡萝卜	161432
黄瓜(加工)	100933	花椰菜	95762
蜜 露	42864	大 蒜	33816
西 瓜	149757	洋 葱	346539
杏 仁	473340	苜蓿草	4981394
澳洲坚果	24174	总 计	5974737
总 计	3321425	间接依靠蜂传粉	
		牛及乳牛(1/10)	5435974
		牛奶(1/10)	1688349
		总 计	7124314
总 合	18961892000		

注：* 不是所有品种均受益，只计 1/10

这种评价方法比较客观地评价了昆虫授粉在农业生产中的作用，是一个宏观的评价方法。它对强调昆虫授粉对社会的贡献有着积极的作用，从这里可以看出昆虫授粉在国民经济中占有的地位，全社会都应支持养蜂事业的发展，因为它对社会的回报是养蜂业本身收益的200倍。

二、公式计算法

美国 WILLARDS. ROBINSO 为准确计算蜜蜂授粉对农作物的效益，建议采取下列公式评估：

$$V_{hb}=V_xD_xP$$

式中：V_{hb}——每年蜜蜂为农作物授粉而产生的价值；

V_x——由农业统计数据而获得的农作物的价值；

D_x——农作物对昆虫授粉的依赖性；

P——农作物有效授粉昆虫中蜜蜂所占的比例；

而：$D_x=(Y_o-Y_c)/Y_o$

其中 Y_o——开放授粉区农作物的产量或罩网有蜂区农作物产量；

Y_c——无昆虫小区的产量。

那么蜜蜂为农作物授粉的价值计算公式就转换成为：

$$V_{hb}=V_xP(Y_o-Y_c)/Y_o$$

公式评价法比产品比值评价法前进了一步，它不仅考虑了某种作物对昆虫授粉的依赖性，还考虑到在授粉昆虫中蜜蜂所起的作用，这种方法更接近于蜜蜂授粉的实际贡献。

三、百分比法

以上两种评价方法，是供政府部门宏观评价蜜蜂授粉经济效果的方法。蜜蜂授粉对某一种作物或某一经济性状直接作用的大小，通常采用百分比评价方法。其计算公式为：

$$S=\frac{P-Po}{Po}\times 100\%$$

式中:S——蜜蜂授粉提高的百分数;

P——蜜蜂授粉(试验区)的数值;

Po——不采用蜜蜂授粉(对照区)的数值。

这一计算公式不仅可用于评价产量、坐果率和结实率,也可评价某些质量指标,如畸形瓜率和优质瓜率等。

四、评价蜜蜂授粉效果的注意事项

蜜蜂授粉能提高农作物产量是肯定的,但是由于在研究增产效果时,在计算上每个人的具体做法不太一样,因此就会出现同一类作物在条件相差不大的情况下,有两种研究结果的现象,也就是评价蜜蜂授粉的效果差别较大。为了使研究结果更加切合实际,保证数据的准确性和可靠性,在具体实践中应注意以下几个问题:

(一)蜜蜂授粉效果田间试验的基本要求

试验和对照的条件应该基本一致,不要人为造成误差,影响评价效果,如果设计方案不对称将影响全部试验结果。在进行蜜蜂授粉田间试验和设计时应考虑:农业环境的一致性,农业管理的一致性,作物品种的一致性,蜂种、蜂群的强弱以及蜂群管理方法的一致性。尽量避免误差,具体试验设计和数据处理应遵照"农业试验设计和数理统计"进行。在实际应用中应注意以下几种方式:

1. 在保护地内进行蜜蜂授粉效果试验　在一个棚内设置对照区和试验区,中间隔离材料应采用白色纱网,不能使用颜色较重的纱网,或者不通气的塑膜类材料。

2. 在大田进行小作物授粉试验　最好在无蜜蜂的地区进行蜜蜂授粉增产试验。试验时,应在一块地里随机选六个区,其中三个为对照区,在顶部加纱网和试验区对应,其他昆虫可自由授粉;

另三个区为试验区，顶部和四周全用纱网围住，里面放蜜蜂进行试验。试验研究结束后，就能比较出蜜蜂授粉的增产作用。

3. 注意不同情况的差别　较高大的植物如苹果树、梨树、柑橘树等，在进行授粉对比试验时，应注意阴阳面差别、网内外差别、树势差别和风向差别等因素，可采用以下设计方法（图 5）。

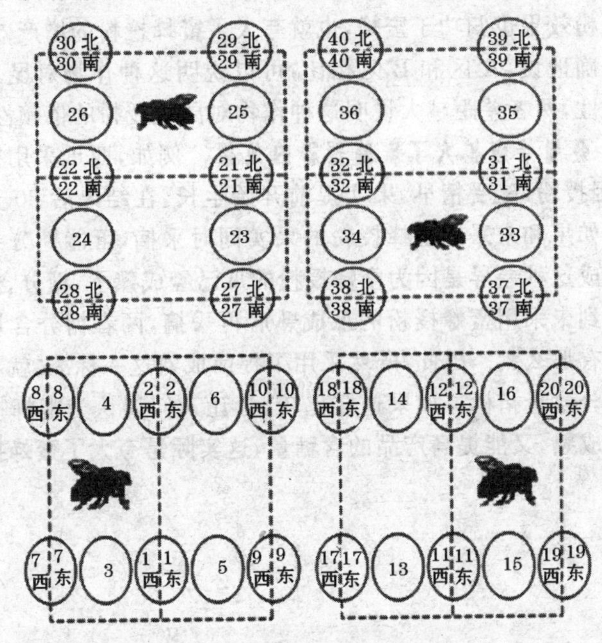

图 5　大乔木授粉设计示意

（二）数据应用

1. 对比对象选择要适当　如在没有蜜蜂的地区开展蜜蜂授粉增产试验，共设立三个区，A 区用纱网隔离，其他昆虫不能进入，只放进一箱蜜蜂，为蜜蜂授粉区；B 区也用纱网隔离，为无蜜蜂也无昆虫授粉区；C 区只在上部加盖纱网，四周不用纱网，其他昆虫可自由飞行,为自然昆虫授粉区。正确评价蜜蜂授粉的增产效果应该是A区和C区进行比较。但有些资料和研究报告常采用蜜蜂授粉区(A区)和无蜂、无昆虫授粉区(B区)相比较。一些对昆虫授粉依赖性很强的作物,蜜蜂授粉区增产效果竟然比无蜂无昆虫授粉区高出几十倍,这样就忽视了自然昆虫的授粉作用,将其他昆虫授粉效果也归功于蜜蜂,也就夸大了蜜蜂授粉的增产效果。

准确地说,A区和B区相比,可以说明这种作物对昆虫授粉的依赖性,两者差距越大说明这种作物对昆虫授粉的依赖性越大。

2. 叠加效应扩大了蜜蜂授粉的效果 例如,西瓜采用蜜蜂授粉后,因授粉好,受精早,果实提前开始生长,在结果后30天左右成熟。如果和未采用蜜蜂授粉的果实同时采摘,可能糖分差异显著。形成这种差异是因为蜜蜂授粉的瓜已经成熟了,糖分含量高;如果等到未采用蜜蜂授粉的瓜成熟后再采摘,两者糖分含量的差异就没有那么大。因此,既然采用了提前成熟这一标准,就不应再使用糖分含量指标。如果这样比较,会让人们误认为蜜蜂授粉既可提早成熟,又能提高产品的含糖量,这实际是夸大了蜜蜂授粉的效果。

第四章　蜜蜂授粉

第一节　蜜蜂生物学知识

掌握蜜蜂的生物学知识，熟悉蜂群的生活习性，了解蜜蜂群体生活的规律，是科学养蜂和利用蜜蜂更好地为农作物授粉的前提。

一、蜂群组织与生活

蜜蜂是群居生活的昆虫。蜂群由许多只蜜蜂组成，它们有组织地在蜂巢中生活。

(一)蜂群的组成与职能

一个正常的蜂群，一般由1只蜂王和1万～3万只工蜂组成。在春、夏季，蜂群内还有数百只雄蜂(图6)。它们同居于一个巢房中，分工明确，各尽其能，相互依赖，维持着它们的社会性，同时也保证了该群体在自然界里的生存和种族延续。

1. 蜂　王　蜂王是由受精卵发育而成的、生殖器官发育完全的雌性蜂，染色体数为32对64条，为双倍体。蜂王头部接近圆形，单眼明显，复眼比雄蜂小，但比工蜂大，复眼间的距离比工蜂远。上颚特别发达，吻短。体形较长，腹部呈椭圆形。翅膀短而窄。意大利蜜蜂蜂王体长20～25毫米，体重180～230毫克，是工蜂的2倍。蜂王采集花粉的器官、蜡腺和营养腺退化(图6-1)。

蜂王有一对卵巢，特别发达，卵巢管数目可达100～220个。蜂王在蜂群中的惟一职能就是产卵，繁殖后代，成为蜜蜂的“母亲”。一只交尾成功的蜂王，具有产受精卵和未受精卵的功能。一只优良的产卵

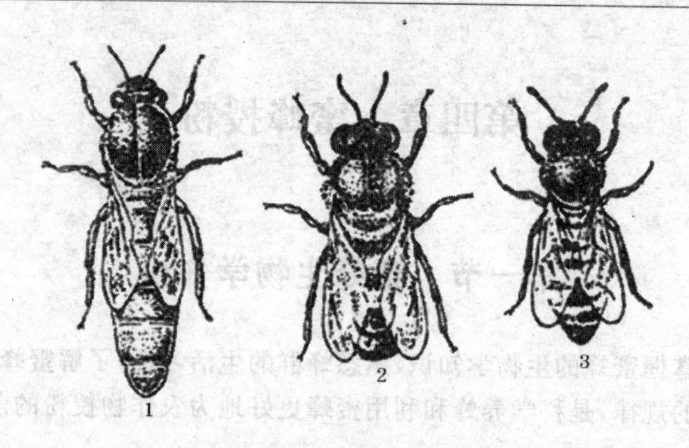

图 6　蜜蜂的三种类型

1. 蜂王　2. 雄蜂　3. 工蜂

蜂王，在产卵盛期，一昼夜可产 2 000～3 000 粒卵。这些卵的总重量超过蜂王本身的体重。一年内可产 2 万～30 万粒卵。

蜂王的寿命可达 5～8 年，但第二年以后产卵力下降。所以在实际生产中，蜂王在使用 1～2 年后，就要用新蜂王替换（称为换王）。

蜂王的生活全靠工蜂服侍，如果没有工蜂，它的生命也难以维持。蜂王产卵职能的发挥，产卵数量的多少，与工蜂数量的多少和服侍情况有着直接的关系。

2. 工　蜂　工蜂是由受精卵发育而成的、生殖器官发育不完全的雌性蜂，染色体数为 32 对 64 条，为双倍体。工蜂的头呈三角形。复眼比蜂王、雄蜂的均小，距离较近。上颚发达，吻长。翅膀可以覆盖至腹部末节。意大利蜜蜂工蜂体重约 100 毫克，体长 12～14 毫米。采粉器官、蜡腺、螫针及营养腺发达（图 6-3）。

工蜂在蜂群中占绝大多数，承担着巢内外的一切繁重劳动。工蜂依其一生中各阶段的生理特性，分别担负着清理蜂巢，饲喂蜂王，哺育幼虫，酿造蜂蜜，修筑巢脾，采集花蜜、花粉和水分，守卫蜂巢和调节蜂群内的温、湿度等工作。总的趋势是，随着年龄的增大,分工由巢内劳动逐渐转向巢外劳动。在夏季采集繁重时,工蜂只能生活40天左右,而休眠越冬工蜂的生命可长达半年之久。

3. 雄　蜂　雄蜂是由未受精卵发育而成的雄性蜂,所以染色体数目为32条,为单倍体。其头呈圆形,复眼很发达,占头部的一半。腹部圆形,很粗。翅膀发达,又宽又长。体重约220毫克,体长15～17毫米。口器、采粉器官和营养腺退化,无螫针(图6-2)。

雄蜂除了在蜂群繁殖季节与处女蜂王交配外,不担任其他工作。

(二)蜜蜂的发育

蜜蜂在进化分类上属于完全变态昆虫,其发育过程要经过卵、幼虫、蛹和成虫4个阶段(图7)。

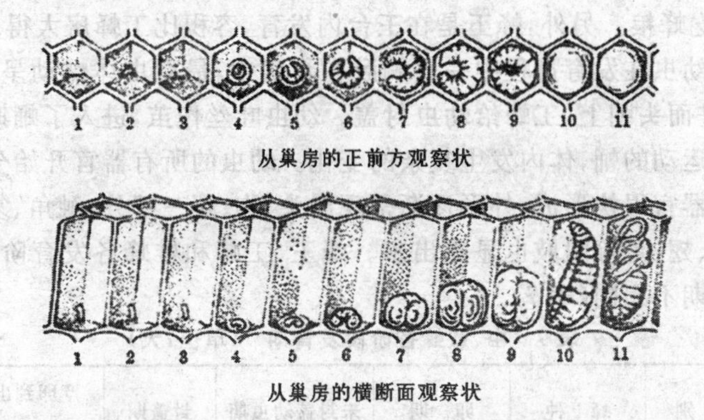

图7　工蜂的发育阶段　(数字表示日数)

1～3. 卵　4～9. 未封盖幼虫

10. 封盖幼虫　11. 蛹

1. 卵　蜜蜂卵的外形与香蕉相似,上粗下细,长1.3～1.5毫米。蜂王在巢房内产下的卵第一天直立在巢房的中央底部,第二天倾斜,第三天躺卧在巢房底部。卵发育到第三天时,自身分泌一种溶解卵膜的液体,使卵膜破裂,放出幼虫。

2. 幼　虫　卵变成幼虫以后,工蜂开始饲喂,每分钟饲喂一次，每天饲喂 1300 余次。幼虫吸食了营养丰富的蜂王浆和蜂粮(经过蜜蜂加工过的花粉)后，每天以数十倍的速度增长。后期几乎占满了整个巢房。

幼虫发育受体内分泌激素浓度的控制。在幼虫前期，体内的保幼激素浓度高，幼虫发育很快。到了后期，保幼激素浓度降低，前胸腺分泌的蜕皮激素促使幼虫蜕皮变成蛹。

蜂王和工蜂在幼虫发育阶段所食的饲料不同。蜂王在幼虫发育期开始一直食用蜂王浆；而工蜂在幼虫的前 3 天食用蜂王浆，以后就改食蜂粮。蜂王和工蜂都是同样的受精卵，之所以在发育过程中有的变成蜂王，有的变成工蜂，就是因为蜂王在幼虫发育期的 6 天中一直食用蜂王浆。而工蜂只在幼虫期前 3 天吃蜂王浆而后 3 天吃蜂粮。另外，蜂王是在王台内发育，容积比工蜂房大得多。

幼虫在发育过程中一直躺卧在巢房中，最后虫体蠕动呈下弓形，进而头朝上，工蜂给幼虫封盖。幼虫吐丝作茧，进入了蛹期，变成不运动的蛹，体内发生复杂的变化。幼虫的所有器官开始分化，新的器官很快形成，外形逐渐呈现出头、胸、腹三部分，触角、复眼、口器、翅、足等附肢也显露出来。蜂王、工蜂和雄蜂各发育阶段的发育期不相同(表 7)。

表 7　中、意蜂各阶段发育期　(单位：天)

型　别	蜂　种	卵　期	未封盖幼虫期	封盖期	产卵到出房总发育期
蜂　王	中　蜂	3	5	8	16
	意　蜂	3	5	8	16
工　蜂	中　蜂	3	6	11	20
	意　蜂	3	6	12	21
雄　蜂	中　蜂	3	7	13	23
	意　蜂	3	7	14	24

3. 蛹 最初的蛹为白色，随着蛹的发育，其体色逐渐变暗。首先是眼睛由白色、粉红色变成紫罗兰色，然后头部、胸部和腹部变暗。随着色泽的加深，体表逐渐硬化。同时体内分泌蜕皮激素，溶解部分内表皮，使蛹壳蜕下，幼蜂咬破巢房盖出房。

4. 成 蜂 刚出房的成年蜂叫幼蜂。幼蜂绒毛柔嫩，呈淡灰色。它通过吸食食物，进一步使体内的各种器官发育成熟。

蜜蜂在整个发育过程中，需要充足的食料，一定的温度、湿度和工蜂的积极哺育。如果有一个条件不能满足，就会使蜜蜂发育不良，寿命缩短，生活力差，个体小，甚至中途夭折。试验证明，蜜蜂的最适发育条件为：温度 32℃～35℃，空气相对湿度 75%～90%。如果温度超过 36.5℃，会造成蜜蜂个体发育不全，无翅或卷翅，蜜蜂畸形，大量的蛹和幼虫死亡。温度低于 32℃，会使蜜蜂发育迟缓，残翅或卷翅，甚至死亡。

（三）蜜蜂的生活

由于蜂王、工蜂和雄蜂的外部形态与生理功能不同，在蜂群里的分工不同，各自的生活习性也有着明显的区别。

1. 工蜂的生活 工蜂在一生中，生理变化比较明显，在各个发育阶段所承担的任务也不同。根据其龄期和生理功能的不同，将其分为幼龄期、青龄期、壮龄期和老龄期四个阶段。

（1）幼龄期 蜜蜂出房后的 1～6 天为幼龄期。出房后 1～2 天，身体柔弱，只能照顾自己的生活，不参加任何劳动。随着幼蜂的成长，体质增强，逐渐可以担负保温、清洁巢房、饲喂大幼虫及酿蜜等劳动。

（2）青龄期 蜜蜂出房后 7～15 天为青龄期。这一阶段，工蜂的咽腺最发达，大量分泌王浆，担负着饲喂幼虫和蜂王、保护蜂王、营造巢脾、守卫蜂巢、酿造蜂蜜等工作。

（3）壮龄期 出房后 16～40 天为壮龄期。这个时期的工蜂体质最强，主要担负采集花粉、花蜜和树胶等工作，同时兼顾酿蜜、造脾、调节巢温、守卫蜂巢、清除巢内死蜂等工作。

(4)老龄期 出房40天以后至老死前的工蜂为老龄蜂，壮年蜂经过繁重的采集劳动后，体质衰退，绒毛脱落，不能担任采集花粉的重任，只能从事采水、采蜜和采无机盐的工作。但老龄蜂嗅觉灵敏，防卫能力很强，因此还担任着守卫蜂巢的重任。

蜜蜂在巢内的分工并不是绝对的，在正常情况下根据以上原则分工，在特殊条件下则根据蜂群的需要来分工。例如在壮龄蜂少的蜂群中，青年蜂就提前从事巢外工作；在青、幼年蜂少的蜂群中，老年蜂也能担负巢内哺育工作。

2. 蜂王的生活 蜂王出房初期身体软弱，工蜂替它舐干身上的绒毛，喂给饲料。2个小时以后，蜂王寻找未出房的王台，对其加以破坏。

蜂王出房后第五天，逐渐性成熟，开始婚飞交配(交尾)。交尾成功后，方能产受精卵。其交尾的有效时间是出房后12～15天之内，15天以后不交尾的蜂王，逐渐失去交配能力。在风和日暖的天气，蜂王与雄蜂一般是从中午到下午四五点钟出巢，进行交配飞行。蜂王在一次交配飞行中能先后与几只雄蜂交配。蜂王与雄蜂交尾后精液先射入阴道，通过导管进入贮精球内，供一生使用。如果蜂王受精不足，在同一天或第二天还要进行2次或3次交配飞行。受精充足的蜂王，在受精后2～3天开始产卵。蜂王开始产卵以后，就不再与雄蜂交配。除自然分蜂外，一般不离开蜂巢。

蜂王一生靠工蜂饲喂。蜂王的产卵性能取决于工蜂饲喂饲料的质量。在生产季节，工蜂用蜂王浆喂饲蜂王，蜂王的产卵力特别强，一昼夜可产数千粒卵。到了冬季，工蜂用蜂蜜喂蜂王，加上温度低，蜂王是不产卵的。

在通常情况下，一个蜂群中不允许有两只蜂王同时存在。两只健壮蜂王相遇，就要互相斗杀，直到占败对方，只存活一只蜂王为止。

3. 雄蜂的生活　在分蜂季节，蜂王在雄蜂房产下的未受精卵发育成的蜜蜂就是雄蜂。

雄蜂羽化出房后，经过7天左右才能出巢试飞。12天后性成熟，可以飞出巢与蜂王交尾。与蜂王交配的雄蜂，在生殖器遗留在蜂王阴道内的瞬间死亡。

雄蜂耗蜜量是工蜂的2～3倍。在繁殖期外界蜜源充足时，雄蜂受到工蜂的特殊照顾，并且可以自由出入其他蜂群，无群界。到了蜜源中断时或晚秋，雄蜂的待遇则明显下降，连本群的“同胞姐妹”也“冷眼相待”，并且遭到守卫蜂的拦阻和驱逐，最后被饿死于蜂箱之外。

(四)蜜蜂的行为和语言

了解蜜蜂的行为，“听懂”蜜蜂的语言，就可以在生产中因势利导，采取一些措施，引诱蜜蜂按照人们的意志去采蜜和授粉。

1. 蜜蜂的行为　蜜蜂的行为是一种简单的神经活动，这种活动可分为本能行为和反射行为。

本能行为，是蜜蜂为了生存和繁衍后代所表现出的自觉的劳动行为。采蜜、采粉、酿蜜、营造巢脾和哺育幼虫等巢内、外的活动，都是本能行为。

蜜蜂通过人工训练，按照人类预想的目的去活动，称为反射行为。例如，在生产实践中，用浸泡过某种植物花的蜂蜜或者糖液来饲喂蜜蜂，可以增加蜜蜂“访问”这种植物的兴趣。利用人工奖励饲喂的方法，可以刺激蜂王多产卵，提高工蜂的工作积极性。

2. 蜜蜂的语言　蜜蜂的语言是通过“舞蹈”和散发“蜂臭”来表达的。蜜蜂可以借助舞蹈的形式，告诉同伴自己发现蜜源以及粉源的方位和远近，获得该信息的同伴便出巢采集。

(1)蜂　舞　根据蜜蜂舞蹈的特点，将蜂舞分为圆形舞和摇摆舞。圆形舞是蜜蜂先作 1～2 个整圆，然后转身向对面旋转，改变圆形运动的方向。摇摆舞是蜜蜂作了半圆形动作以后，迅速转身，返回开始的位置，向相反方向再作半圆动作，然后返回原处（图 8）。

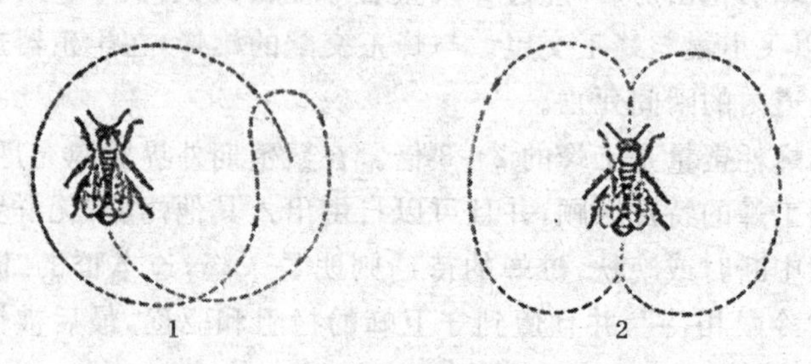

图 8　蜜蜂的舞蹈

1. 圆舞　2. 摇摆舞

蜜蜂在外界发现新蜜源回到巢房以后，将采集到的花蜜吐给周围的同伴品尝，然后作起舞蹈告诉它们蜜源的方位、距离和数量。圆形舞，表示蜜源在蜂场的附近，不超过 50 米远，但没有方向。摇摆舞，表示蜜源在离蜂场较远的地方。蜜源离蜂场越远，在单位时间内作半圆形的跑步越少，在作每一次圆形跑步时用腹部摇摆的次数越多。如蜜源离蜂场 100 米时，蜜蜂在 15 秒钟内作 11 个圆形跑步，摇摆 2～3 次。蜜源在离蜂场 1700 米时，作 5～6 个圆形跑步，10～11 次摇摆。

蜜蜂的摇摆舞还可向同伴表达蜜源的方位。例如，蜜蜂在跳摇摆舞时，如果头向上运动，那就是说蜜源在太阳的方向。如果头朝下，则表示蜜源在太阳的反方向。头向右偏时，表示蜜源在太阳的右边。头向左侧斜时，表示蜜源在太阳的左边（图 9）。

在图 9 中，箭头表示蜜蜂前进的方向，各小图正中的垂直虚线表示重力线。

（2）蜂　臭　蜂臭是蜜蜂向同伴表达语言的又一种形式。当蜂群受到某种干扰，扰乱了正常秩序或受到敌害攻击时，蜜蜂就翘

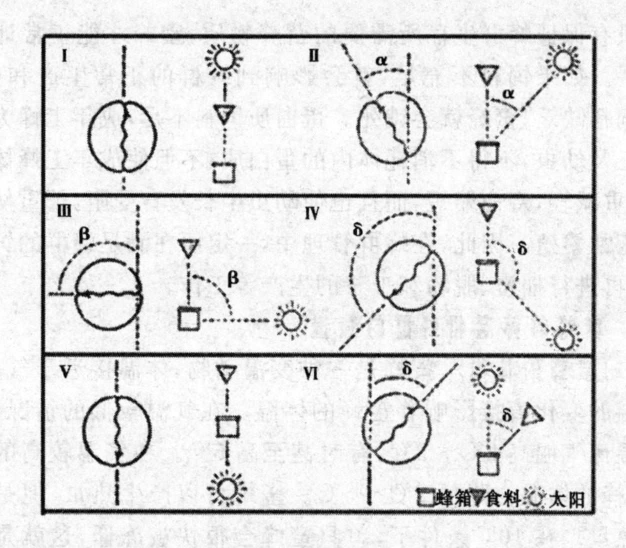

图9　蜜蜂摇摆舞导向

起尾部(腹端),露出尾端的臭腺,发出蜂臭,剧烈扇翅,招引同伴回巢或提高警戒,或攻击敌害,保卫蜂巢。

(五)蜜蜂生存的基本条件

蜜蜂的生存涉及到动物、植物、气象、营养和医药等多门学科和领域,这里重点介绍与饲养管理密切相关的几个因素,即营养、温度、湿度、体温和热量等。

1. 营　养　蜂群所需要的营养必须从饲料中摄取。蜜蜂的饲料主要有蜂蜜、花粉、水和无机盐类。蜂蜜是蜜蜂的主要食料,是能量的源泉。蜂花粉是蜜蜂蛋白质、维生素和矿物质的唯一来源。水是蜜蜂新陈代谢过程中的重要介质。蜜蜂体液中的矿物质靠盐类来补充。各种营养物质缺一不可。任何一种供应不足,均会使蜜蜂患病,甚至死亡。

一个中等群势的蜂群每年自食 40 千克蜂蜜和 25 千克蜂花

粉。只有保证蜂群生存所需要的营养物质,蜜蜂才能正常地生存和发展。如果饲料不充足,就会影响到蜂群的正常生产和生殖。能量饲料缺乏,蜜蜂就会饿死。蛋白质饲料不足,成年工蜂为了哺育蜂王及幼虫,不得不消耗体内的蛋白质,不但使成年工蜂体质下降,体重减轻,寿命缩短,而且也使幼虫生长发育受阻,严重妨碍蜂群的正常繁殖。因此,在蜂群管理中,一定要在满足蜂群的饲用需要后,再进行摇蜜、脱粉和王浆的生产等工作。

2. 蜜蜂的体温和蜂群的热量

(1)蜜蜂的体温 蜜蜂是一种变温动物,体温接近于气温,所以气温的变化直接影响着蜜蜂的体温。在气温较低的情况下,蜜蜂体温比气温高 2℃~3℃,有时甚至高 5℃。在气温较高的情况下,蜜蜂的体温会降低 2℃~5℃。蜜蜂可以产生热量,但是不能保持热量。在 10℃条件下,单只蜜蜂会很快被冻僵,这就是蜜蜂必须群居生活的原因。

(2)蜂群的热量 由成千上万只蜜蜂组成的群体,具有恒温动物调节体温的能力。单只蜜蜂在 10℃条件下会处于僵死状态,而由 5 000 只蜜蜂组成的蜂群却可在 0℃~40℃的气温下生存。蜂群中蜜蜂数量的多少,直接关系到蜂群调节温度的能力。有 20 000~25 000 只蜜蜂的蜂群,不论在严寒时期,还是在炎热时期,蜜蜂通过密集保温和扇风散热,可以将蜂群内的温度调节至 34℃~35℃的水平。这就是蜜蜂越冬能提高温度的理论基础。

3. 蜂群的温度及调节 当蜂巢内有蜂时,有蜂部分的温度就会稳定在 32℃~35℃。蜜蜂的幼虫和蛹对温度的变化非常敏感,在 32℃以下和 36℃以上的温度条件下,蜜蜂发育不完全。蜂箱内温度高于 38℃,幼虫开始死亡,超过 40℃幼虫全部死亡。为了保证蜜蜂正常发育,减少工蜂调节巢温的体力消耗,春季要对蜂群进行保温,夏季要采取降温措施。

没有蜜蜂幼虫时,巢温变化较大,一般在 14℃~32℃之间。

当外界温度高于40℃,低于13℃时,蜜蜂停止飞行活动。蜜蜂对温度的轻微变化都有反应。在繁殖季节,当温度低于34℃时,它们就积极地采取增温措施;当温度升高到34.4℃时,它们就停止加温;当巢温达到34.8℃,它们就开始降温活动。

蜜蜂通过增减子脾上蜜蜂覆盖密度来保持适宜的巢温。当温度低时,它们密集在子脾上;当温度高时,它们又分散。蜜蜂分散后温度仍然还高时,蜜蜂就采取振翅和采水的方法来降低巢内的温度。

4. 蜂巢的湿度及调节　蜂群内空气湿度变化范围较大。在子脾区空气相对湿度一般维持在76%～88%。外界有蜜源,蜜蜂为了蒸发花蜜中的水分,就把巢内的空气相对湿度降到40%～65%,以利蜂蜜中水分的蒸发。外界没有蜜源,蜜蜂则通过采水来满足自己对水分的需要和湿度调节。所以在流蜜期,采取扩大巢门等措施,加强蜂箱通风,就可减轻蜜蜂排除巢内水分的工作量。在早春蜜源缺乏期,要在蜂场设置饮水器,以利蜜蜂采水调节巢内湿度。在保护地授粉的蜂群处在高湿的状态下,为了减少蜂群排湿的劳动量,应缩小巢门,使蜂群保持蜂多于脾的状态,给蜂群创造一个良好的生存环境。

养蜂者掌握这些生物学知识以后,就可以根据蜜蜂的需要来管理蜂群,减轻蜜蜂在巢内的劳动量,让更多的蜜蜂出巢采集授粉。

二、蜜蜂解剖学知识

蜜蜂在分类学上属节肢动物门、昆虫纲、膜翅目、蜜蜂科、蜜蜂属。蜜蜂的体表是由几丁质形成的一层坚硬外壳,也叫外骨骼,其主要作用是保护内脏器官免受机械伤害。蜜蜂全身覆盖着一层绒毛。有些绒毛是空心的,有一部分是实心的。空心绒毛是蜜蜂的触觉器官。实心绒毛除有保温作用以外,还有粘附花粉粒的作用。

(一)蜜蜂的外部构造

蜜蜂的身体从外部可分为三大部分，即头部、胸部和腹部(图 10)。

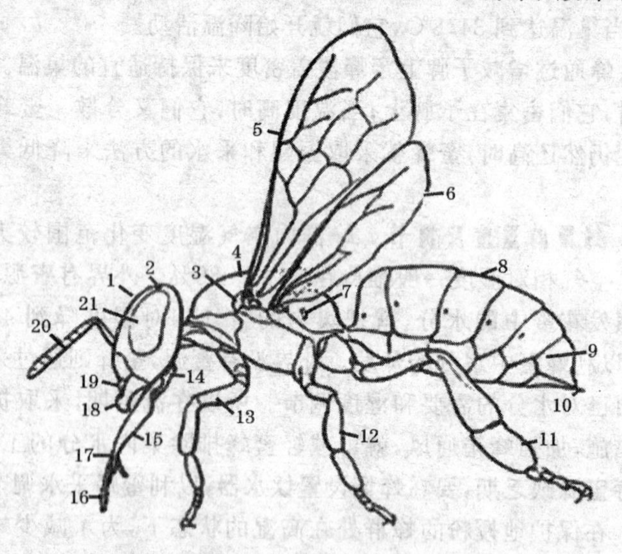

图 10 蜜蜂的外部构造

1. 头部 2. 单眼 3. 翅基片 4. 胸部 5. 前翅 6. 后翅 7、9. 气门 8. 腹部 10. 螫刺 11. 后足 12. 中足 13. 前足 14. 下唇 15. 下颚 16. 中唇舌 17. 喙 18. 上颚 19. 上唇 20. 触角 21. 复眼

1. 头 部 蜂王、工蜂和雄蜂的头部形状虽不相同，但都有眼睛、触角和口器。

(1)眼 睛 蜜蜂的头上长着 1 对复眼和 3 个单眼。蜜蜂的复眼很大，由 3 000～8 000 个小眼组成，着生在头上部两侧面。单眼主要看近处的物体，复眼主要看远处的物体。

(2)触 角 触角是蜜蜂最主要的感觉和嗅觉器官。蜜蜂的触角主要由柄节和鞭节构成。蜂王和工蜂的鞭节是 11 节，雄蜂的鞭节是 12 节。

(3)口　器　蜜蜂的口器由上唇、1对上颚、1对下颚和下唇构成。蜜蜂的上颚，坚固而具有小齿，能左右移动，其主要作用是咀嚼食物和咬开巢房盖，另外还有清除巢内异物的作用。雄蜂的上唇很不发达，甚至连封盖蜜的蜜盖都咬不开。下颚和下唇组成长管状，亦叫吻，蜜蜂就是通过吻将花蜜吸入蜜囊的。蜂种不同，吻的长度也不相同。吻的长短与蜜蜂的采集能力有很大关系。

2. 胸　部　昆虫的胸部，在非特化的种类中分为三节，即前胸、中胸和后胸。而在蜜蜂的胸段上，却增加了一个体节，即并胸腹节。它是原先的第一腹节前伸并于胸部形成的。这四节都紧贴在一起。胸部是运动的中心，内骨和肌肉都十分发达。每一胸节，基本上由背板、腹板和两侧板合围而成。在进化上，这些骨板产生了沟或缝，常再分为若干小骨片，或再相互愈合。蜂王和雄蜂的胸高比工蜂大，其差距是设计隔王板、蜂王笼、雄蜂幽禁器或幽杀器的理论依据。

前胸背板呈衣领状，紧贴中胸的前方。其两侧向后扩展成背板叶，叶的后缘具毛，覆盖在第一对气门上。气管壁虱病，应在此处检查。头部承接在前胸侧板前端的一对钉形突起上。中胸为胸部最大的部分，支持发达的前翅。中胸背板位于前翅基部间，是胸壁最高的部位，其第三骨片，称为小盾片，呈弧形隆起，容易识别。小盾片的色泽，为品种特征之一。中胸的两侧板和腹板愈合，难以分界。后胸呈窄形环带，揳入中胸和并胸腹节之间。其背板两侧近翅基处稍扩展，侧板则和腹板相愈合。并胸腹节的背板较大，紧贴在后胸上。其腹板细小，位于后足基部之后。侧板和其他腹节一样，愈合于腹板。并胸腹节的后段，猝然紧缩，和腹柄相连。

蜜蜂有前、中、后三对足，分别着生于前、中、后胸腹板的两侧。每对足的大小、形状都不相同，但都是由基节、转节、股节、胫节、跗节和前跗节所组成(图 11)。基节连于体侧。跗节分为特别长大的基跗节及以下的四个小节。前跗节由中垫和一对侧生的爪构成。蜜蜂在粗糙面上爬行时，是用爪钩搭，在平滑面上爬行时，则靠中垫吸附。

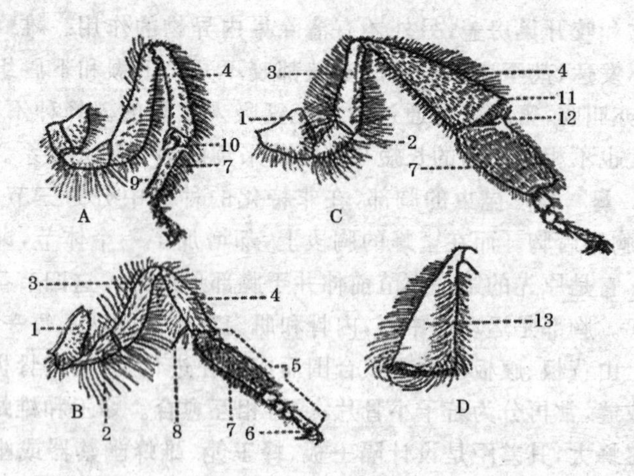

图 11　工蜂三对足的构造

A. 前足　B. 中足　C. 后足内侧　D. 后足胫节外

1. 基节　2. 转节　3. 股节　4. 胫节　5. 跗节　6. 前跗节

7. 基跗节　8. 胫距　9. 跗刷　10. 净角器　11. 花粉耙

12. 耳状突　13. 花粉筐

工蜂足的构造，属于高度特化的类型。是适于收集花粉和携带花粉回巢的主要器官。

前足基跗节内侧，着生一列硬毛，称为跗刷（图 11-A），用于刷集头部、眼部和口部的花粉粒。前足还具有刷净触角的特殊构造，称为净角器。它由基跗节近基部的弧形凹槽和胫节端部可活动的距所构成。蜜蜂用前足钩搭触角，通过净角器的拉刷，将触角上所粘附的花粉或杂质清理干净。

中足的跗刷，用于清理、收集胸部的花粉粒。中足胫节近端部的内侧，长着一根能活动的距，称为胫距（图 11-B），有清理翅部和气门的作用。

后足在集中和携带花粉上，属于最特化的类型。基胫节近端部较宽大，外侧的中间凹陷，此凹部的外周，由许多又长又硬的毛所包围，形成所谓的花粉筐（图 11-D）。采集的花粉或蜂胶，成团积存于此处，携带归巢。花粉筐中着生一根刚毛（图 11-D），其作用好比支竿。后足胫节端部，生有一列硬刺，称为花粉耙（图 11-C）。在基跗节基部外侧，有耳状扩展部分，称为耳状突（图 11-C）。通过足间交互动作，花粉耙和耳状突具有耙集和推挤花粉，使之积聚在花粉筐中的作用。在基跗节的内侧，长着 9～10 排硬刺，用以梳集花粉，称为花粉栉（图 11-C）。后足基跗节上的刺，可戳取蜡囊中的蜡鳞。蜂王和雄蜂由于分工不同，采集花粉的器官及其功能都有不同程度的退化。

第二节　授粉蜂群的组织与管理

蜜蜂授粉技术最近几年才被作为一项增产措施，而在生产中应用，其他养蜂书中所提到的蜂群管理，是为了提高蜂产品产量而采取的一系列管理办法。当蜂群的主要任务改变后，那么管理技术也要作相应的改变。授粉需要一整套的管理技术，当然有些技术性较强的管理技术，由专业人员去完成，在此不作详细论述。这一章重点介绍在授粉过程中的必要管理技术。

一、授粉专用工具

蜜蜂在进行大田作物授粉时，不需要专用设备，但在进行网棚制种授粉和温室作物授粉时，就需要配备专用蜂箱和巢门饲喂器等。

（一）专用蜂箱

近年来，我国保护地栽培果树和瓜菜面积越来越大，这些都需要采用蜜蜂授粉，但目前使用的蜂箱存在着体积大、从棚内搬进搬出不方便，蜂箱保温性能差、因为昼夜温差大时不利于蜂群繁殖，成本高、费用大、不适合农民管理等缺点。研制一种体积小，重量轻，蜂数量合适，保温性能好，防潮湿，造价低的蜂箱势在必行。根据山西省农业科学院园艺研究所 1997—1999 年的研究，温室、大棚作物授粉的专用蜂箱，以下列规格和选材为好：

1. 蜂箱规格 因为温室和大棚内实际面积一般在 300 平方米左右，授粉时不需要太大的蜂群。如西葫芦一类植物花朵数量少，有 2 脾蜂即可完成授粉，黄瓜一般 4 脾蜂也能完成授粉，建议蜂箱的内部尺寸为：长 510 毫米，宽 180 毫米，高 280 毫米（图 12）。

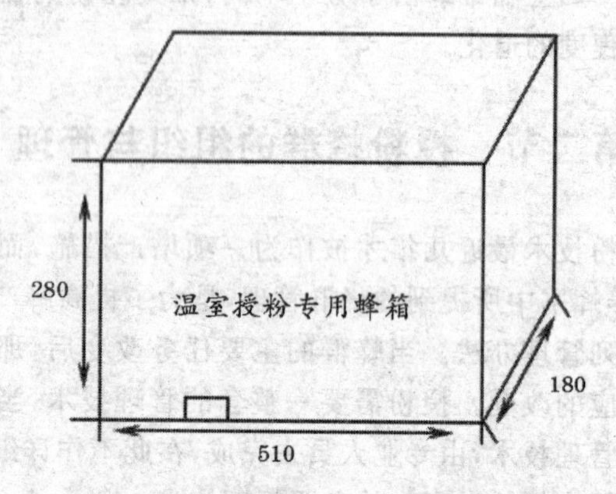

图 12 保护地授粉专用蜂箱 （单位：毫米）

可放 4 脾蜜蜂，巢框采用带框耳的，在常用的侧框边上加 5 毫米的框耳，隔离上框梁，在蜂箱下部设两个锯齿形卡座，用于固定下框梁，防止蜂箱在搬移过程中巢脾滑动时，压伤蜜蜂，影响授粉的正常进行。

2. 蜂箱选材 为了达到既保温，重量轻，又防潮的目的，可于纸箱内衬 EPE 发泡塑料保温片材，外覆聚乙烯膜。这种蜂箱的保温防潮性能都优于现用常规木箱。

(二)巢门饲喂器

试验证明,辽宁省左喀县畜牧局设计的饲喂器,作为授粉蜂群的喂水、喂蜜饲喂器,是较为理想的。一般情况下用来喂水,在缺蜜时可用来喂蜜。

二、授粉蜂群的繁殖

目前,温室或大棚作物授粉需要一定数量的蜜蜂,用一般蜜蜂的原群进行授粉,如果采用租蜂的办法,因温室花粉少、花朵少、饲料严重缺乏,蜂群下降幅度较大,对养蜂者来说经济上不合算;如果采用出售给农民的方式,由于成本大并且有些浪费,也不易推广。这里介绍一种专为冬季温室或大棚提供蜂群的繁殖方法,以及蜂场的管理办法。中心任务是增加蜜蜂数量,每个蜂群在越冬时达到4 000~6 000只蜜蜂。一般情况下不摇蜜、不取蜂王浆和生产花粉,其目的是采用一切方法加速蜂群的繁殖,通过出售蜂群或出租蜂群服务于农业授粉,从而得到经济补偿。繁殖蜂场的主要任务是养王和分蜂。授粉蜂群在有新蜂王的情况下授粉积极性最高,蜂群繁殖能力也强,这对黄瓜、西葫芦和草莓等需要3~5个月授粉时间的作物是非常重要的。因此,当蜂场大部分蜂群达5脾足蜂时,就应着手组织养王群,开始移虫养王。

(一)养　王

蜂群的增殖,是靠人工育王以分蜂方式实现的。利用早期培育的新蜂王实行人工分蜂,只要管理得当,经过一个半月的增殖,就可以发展成强群。养蜂者根据生产需要,结合蜂群实际情况和自然条件等多方面因素,有计划地进行育王及分蜂,既有利于蜂群的增殖,也可达到生产的目的。人工育王与分蜂,可分为准备阶段、实施阶段和后期管理阶段。前期准备阶段主要是为育王分蜂打基础。首先是确定育王时间。为了增殖蜂群或换王，可于夏季、初秋进行育王。培育优质蜂王的条件是：①天气温暖，气候稳定。②育王群势强壮，外界蜜粉源充足。③蜂群处于增殖期。④种用父群中已培育出可供利用的雄蜂。早春蜂群处于发展阶段，群势尚弱，不具备育王分蜂能力。

种群母、父本的选择，应根据长年生产记录，选择品种较纯、生产性能高、繁殖力强、群性温顺、抗病害、抗逆性能强、定向力较好的蜂群。较大型的蜂场，选择和使用多个蜂群作父群和母群，并且定期从种蜂场引进最新优良品种，或以同一品种、不同血统的蜂王进行选育，从而提高蜜蜂的生产力和生活力。不同品种的蜂群，其生产性能及生物特性均有差异。近亲繁殖、忽视对父群培养、混杂繁殖、育种养王方法粗放，以及不良的环境条件，都能导致蜜蜂优良性状的基因向不利方向变化，使生产性能下降。为了防止蜂种退化，应特别注重种用群的纯度。较纯的蜂种能保持其物种特有的生理特性和经济性状。将不同品种进行杂交可有效地扬长避短，使不同品种的优良性状组合在一起，产生出理想的杂交品种。例如意大利蜂繁殖率高，采集力强，性情温顺，易维持强群，但不能利用零星蜜粉源，育虫无节制，饲料消耗量大；而高加索蜂早春繁殖较慢，但能利用零星蜜粉源，育虫有节制且节省饲料，正好弥补了意大利蜂的不足之处。如选择意大利蜂为母群用以培养蜂王，选高加索蜂为父群用以培育雄蜂，使这两种蜂杂交，便可产生出生物特性优良、经济性能较高的“意×高”杂交蜂种。

纯蜂种的来源可向蜜蜂原种场、种蜂场邮购蜂王，也可以利用本场较纯的蜂进行提纯。提纯是利用雄蜂有母无父的原理，在严格控制非种用雄蜂的基础上，保证特定的种用雄蜂与处女蜂王交配，通过两代以上的提纯筛选，便可产生出理想的纯种后代。因为雄蜂的发育迟于蜂王，故在育王半月至20天前就得培育种用雄蜂。主要做法是，在选好的父本种群内加入雄蜂脾，将蜂缩紧，做到蜂多于脾,并加喂饲料,一定量地限制蜂王产卵,人为地制造分蜂情绪,迫使蜂王向雄蜂房内产下未受精卵。

育王群适合选择有轻微分蜂欲望、蜂多于脾、饲料充足、泌浆适龄蜂较多的优良蜂群。也可以无王群始工,有王群完成。在始工阶段要进行奖励喂饲,促使蜂群泌浆,泌浆越多,育王质量越高。育王需要从特定的母本种群内移虫,虫龄以当日的(24 小时内)为好。在第一次移虫接受后的 36～48 小时内,再进行重复移虫,促使蜜蜂加倍泌浆,保证蜂王幼虫饲料充足。

复式移虫后的第十天,根据所育蜂王的多少,着手组织新分群或交尾群。新分群一般由 3～5 框足蜂和 1～2 框封盖子脾、一整框蜜粉脾及少量空巢脾组成。新分群的大小以交尾成功能保持足够的生存力为准。交尾群是以育王繁蜂为目的,分蜂时就应多提出一些蜜蜂。交尾箱有标准十框箱,也有特制的小型交尾箱,大小以容纳 1～2 框蜂为宜。新分群或交尾群组成后的第二天,也就是蜂王即将出房的前两天,将成熟的王台从育王群中提出割下,分配到各群中去,为了避免王台不被接受而咬坏,在分配安放王台时就用王台保护圈保护起来,直到幼蜂出房再拿去。王台保护圈在蜂具商店可买到,也可用 24 号铁丝自行绕制(图 13)。

蜂王交配完成后,应该对全部交尾群进行一次检查,对交配失败的交尾群进行合并或者重新介绍新的王台。

(二)分　蜂

分蜂是主要工作。当蜂群达 8 框以上时,就应采用一分为二的办法分蜂。在蜜粉源条件差的地方,采取一年两次分蜂的办法。例如在太原郊区,5 月上旬移虫养王,5 月中旬进行第一次分蜂,加快蜂群繁殖速度,经过 40 天繁殖蜂群达 8 框。6 月中旬进行第二次养王,6 月底分蜂,到 8 月底蜂群达 8 框。在蜜粉源好的地区,也可采取一年三次分蜂,油菜花期结束时进行第一次分蜂,洋槐花

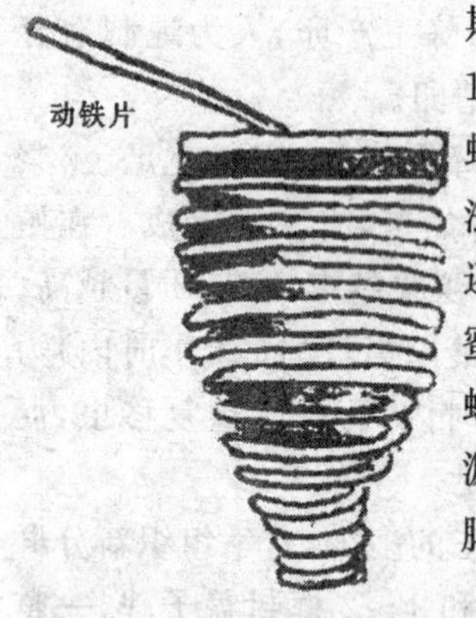

图 13　王台保护圈

期结束后 5 月中旬进行第二次分蜂，7 月 1 日前后进行第三次分蜂。采取两次分蜂办法一群可繁 4 群，采取三次分蜂办法一群可分为 8 群。一年采取两次分蜂还是三次分蜂，或者是四次分蜂，主要依蜜源和蜂群情况而定。但是最后一次分蜂必须在蜜源结束前一个月完成。在蜜源结束后，越冬前全部蜂群调整到 2～4 脾足蜂。

三、授粉蜂群的管理

授粉蜂群的管理分为两类，一类是大田农作物授粉蜂群管理，另一类是温室作物授粉蜂群管理。这两类授粉蜂群在管理方面差异很大，现分别加以介绍。

(一)大田授粉蜂群的管理技术

大田授粉一般都和养蜂生产结合在一块，由养蜂人员根据农业授粉业务的实际需要具体操作，蜂群管理应注意做好以下几项工作：

1. 蜂箱的排列　执行授粉任务的蜂场蜂群排列方式的确定，应考虑蜜蜂飞行半径、风向以及互相传粉的因素。一般应采用小组(6 群)散放，不宜采用一个蜂场放在一起，也不宜采用单群排列。采用前一种方式时，离蜂箱较远的作物授粉不充分，蜂箱附近蜜蜂过剩。采用单箱排列方式时，一是管理不方便，二是蜜蜂飞行范围受局限，不利于异花授粉。

在果园里，特别是树体高大的果树，采用小组排放更有利于异花授粉。单箱排放蜂箱，蜜蜂采花局限在果园有限的面积上，甚至一系列的采集飞翔活动，都局限在一棵树上或者附近相邻的几棵树上，如果这几棵树中没有授粉树，这几棵树的结果就会下降，造成减产。如果蜜蜂采用小组形式摆放，蜜蜂建立起飞行路线时，蜂群与蜂群之间、小组与小组之间有互相授粉交叉区，一个群蜂内的蜜蜂，有的在主栽品种上采蜜采粉，有的在授粉树上采蜜采粉，它们归巢以后，在蜂箱里来回移动，将自身携带的花粉经过摩擦传到另一只蜜蜂身上，这只蜜蜂再飞往它的采集路线时，将花粉传过去，这样也同样达到了异花授粉的目的。

2. 早春蜂箱应加强保温　因为早春蜂群弱，外界温度低且变化幅度大，如果不加强保温，大部分蜜蜂为了维持巢温会降低出勤率，影响蜜蜂授粉效果。保温采用箱内和箱外双重保温的办法，放蜂地点以选择在避风向阳处更为理想。

3. 选择强群　对早春梨树、苹果树授粉，组织强群尤其重要。这个时期的蜂群刚经过越冬，春繁第一批蜂刚出房，数量少，蜂群内子多蜂少，内勤工作量大，负担重，能够出勤的蜜蜂数量少。只有选择强群（达 6 脾蜂以上），才可能保证足够的出勤率。研究表明：强群在外界温度 13℃时开始采集，但弱群则要求外界温度达 16℃时才开始出巢采集。一般春季温度比较低，变化幅度也大，因此只有强群才能保证春季作物的授粉效果。

4. 采取蜂多于脾的管理方法　根据山西蜜蜂授粉的实践，在早春 4 月上中旬，杏花、梨花、苹果花、桃花均已开放，急需蜜蜂授粉，而此时旬平均气温较低，蜜蜂活动受到影响，所以通过选择强群以适应早春农业授粉的需求极为重要。早春气温较低，应采用蜂多于脾的办法，保证蜂箱内的温度，提高蜜蜂的出勤率，保证授粉效果。

5. 脱收花粉　对花粉多的植物，可以采取脱收花粉的办法，提高蜜蜂采花授粉的积极性。有些植物面积大或者花粉特别丰富，可以采取脱粉的办法。脱粉的强度首先要保证蜂群内饲料不受影响，但是不能让蜂群内有过多的花粉，造成粉压子的现象。当蜂群处于繁殖状态下，花粉仅仅能满足蜂群需要而没有剩余时，蜜蜂采集积极性最高。

6. 防止中毒 不要用打过农药的器具喷洒水，以免药械中的残留农药引起蜜蜂中毒。更重要的是要保证授粉范围的水源不被农药污染，否则也会引起大范围蜂群中毒。

7. 调整临界点，提高授粉积极性 加拿大卡莫.E.A 等认为，当外界综合因素，如温度、光强度和花蜜浓度达到临界点时，蜜蜂才开始采集授粉。在处于临界点以下时，蜂群采取一些调控措施，也可为那些原先没有吸引力的果树授粉，例如梨树。常用的调控措施有蜂群幽闭法。经过幽闭 1.5 天后，将蜜蜂搬到新场地，在中午前后放开。蜜蜂急切出巢，出巢后立即在附近的花上采集蜜粉，在短时间内它们不加辨别地进行采集。采集蜜粉后的蜜蜂返回巢内，用跳舞的方式告诉同伴，又投入到其采集植物区内进行采集，这样就完成了为目标作物授粉的目的。经过调控的蜂群到达新场地后，飞翔范围在 100 米之内。对蜂群采取幽闭措施时，应加强蜂群通风，用纱盖代替覆布，同时给纱盖喷水，用"V"形铁纱堵塞巢门。

（二）保护地授粉蜂群的管理技术

保护地栽培果树、瓜菜和草莓时，网棚内制种作物采用蜜蜂授粉可减少人工，提高产量，改善品质，增产增收效果更为突出。因为保护地根本没有或很少有其他昆虫，人为地引入蜜蜂是解决授粉问题最理想的办法。但要注意，保护地蜂群管理极为重要，必须采取相应的蜂群管理办法，否则将达不到授粉的目的。

1. 蜜蜂进温室前的准备 蜜蜂进温室前，首先应对温室内作物的病虫害进行一次详细全面的检查，并且有针对性地进行综合防治，以免蜜蜂进温室后发现病虫害再予以治疗，造成蜂群中毒。具体操作要注意：第一，防治后第二天中午将放风口打开，让新鲜空气更换温室内的毒气和有害气体，3天后才能将蜂群搬进温室；第二，检查温室内工作房和缓冲间，将原来使用过的农药瓶和喷过农药的喷雾器放到大棚外面；第三，为了防止授粉蜜蜂在室外温度较高时，从放风口跑出去不能回来，以致夜晚冻死在外面，应在放风口遮挡窗纱；第四，在温室中部离后墙1.5米远的地方，用砖或木材搭一个架子，架子高30厘米，长55厘米，宽45厘米，供放置蜂箱；第五，这也是非常关键的一点，采用蜜蜂授粉的作物不要打掉雄花，否则会影响蜜蜂授粉效果；第六，将要进棚授粉的蜂群，在晴天搬进湿度较小的空大棚中，进行飞行排泄2～3天，可以避免蜜蜂将大便排泄到植物的叶子上，减少擦洗叶子的麻烦。

2. 喂　水　蜜蜂放进温室后，一定要给它们喂水。喂水的办法有两种：一是巢门喂水，采用前面介绍的巢门喂水器进行喂水；二是在棚内固定位置放一个浅盘子，每隔2天换一次水，在水面放一些漂浮物，供蜜蜂蹬踏，以防溺水死亡。

3. 喂　蜜　温室内的植物大都流蜜不好，即使是流蜜较好的作物，也因面积小，花的数量少，花蜜根本不能满足蜂群的生活需要，特别是蜜腺不发达的黄瓜和草莓的温室内，更应该喂蜜。喂蜜时蜜水比例为1∶3，这样既喂了蜜，又喂了水。

4. 喂花粉　花粉是蜜蜂饲料中蛋白质、维生素和矿物质的唯一来源。温室内的花粉根本不能满足蜂群的需要，如果不补喂花粉，群内幼虫不能孵化，蜜蜂就没有采集积极性，因而直接影响授粉效果。喂花粉宜采用喂花粉饼的办法。花粉饼的制法是：选择无病、无污染、无霉变的蜂花粉，用粉碎机粉成细粉状。如果花粉来源不明，应采用高压或者微波灭菌的办法，对蜂花粉原料进行消毒灭菌，以防病菌带入蜂群。蜜粉比为3∶5。将蜂蜜加热至70℃，趁热倒入盆内，搅匀浸泡12小时，充分搅拌，让花粉团散开，糅合均匀，其硬度以放在蜂箱框梁上流不到巢箱底下为原则，越软越有利蜜蜂取食。饲喂量以10～15天喂一次最好，直至温室授粉结束为止。

5. **调整蜂脾关系** 温室特别是日光节能温室昼夜温差变化大。为了有利于蜂群的繁殖,应一直采取蜂多于脾,或者蜂脾相等的比例关系。

6. **加强保温措施,保证蜂群正常繁殖** 目前,大部分日光节能温室主要靠白天的积温来维持温室内的温度,昼夜变化幅度较大。在寒冷地区最低时室内温度在 8℃左右,而中午太阳直照温室,室内温度直线上升,最高时竟达 40℃左右,变化幅度在 30℃,若不加强蜂箱保温,则对蜂群繁殖十分不利。尤其在 10℃以下时,蜂群内蜜蜂紧缩,使外部的子脾无蜂保温,易造成凉子死亡。由于这种特殊变化的环境对蜂群消耗较大,因此加强蜂箱内外的保温措施,使蜂箱内的温度相对稳定,是保证蜂群正常繁殖的重要环节。

7. **防止中毒** 防止中毒在温室授粉中尤为重要,因为温室空间小,空气流通慢,很小量的毒气都会给蜂群造成严重危害。冬季温室一般使用杀菌剂和熏烟剂。在准备用药的前一天,堵塞巢门,将蜂箱搬到温室外面的避光处,但温度应保持在 15℃左右。然后进行用药,在冬季熏烟后放风 2～3 天,即可将蜂群搬进温室。春季气温转暖,温室内空气交换较慢,药效时间长,应将蜂箱在温室外放 3～5 天,才能搬进温室。值得注意的是,未点燃的熏烟剂包虽然对蜂箱无害,但是放在温室内阳光直晒的地方,天气晴朗时,包内温度升高,会引起自燃,造成蜂群中毒,因此要将其取出。

8. **防止病虫害发生** 温室内湿度大,容易使蜂具发生霉变而引发病虫害。所以,应将蜂箱内多余的巢脾全部取出来,放在蜂箱外保存。

9. **授粉蜂群大小的配置** 温室或大棚内植物授粉需配备多少蜜蜂群,应根据植物种类区别对待。笔者等人研究蜜蜂授粉次数对西葫芦生长情况的影响后得出结论,蜜蜂在雌花上采访7～8

次，可保证西葫芦受精充分，生长正常。有人观察计算，一群蜂中约有 23.8%蜜蜂出勤采花授粉。还有人观察到，在出勤的 1.3 万只蜜蜂中，有 25%蜜蜂专门采集花粉，有 58%的蜜蜂专门采集花蜜，在飞行中两种食物都采集的蜜蜂占 17%，因此可根据这些情况估计应配备的蜜蜂数量。实践证明，温室内黄瓜和草莓的授粉蜜蜂数量应稍多一些，一般 300 平方米的温室放 4 脾足蜂。如果温室更大，可根据面积大小增加蜜蜂数量。西葫芦、南瓜等花少的作物，蜜蜂可少配备一些，300 平方米一般有 2 脾足蜂即可。

10. 放蜂的时间 放蜂时间对授粉效果影响很大。例如大棚或者温室种植果树一类作物，花期短，开花期较集中，且此时正值冬季蜂群处于冬眠状态，因此应在开花前 5 天将蜂群搬进温室，让蜜蜂试飞，排泄，适应环境，并同时补喂花粉，奖励糖浆，刺激蜂王很快产卵，待果树开花时蜂群已进入积极授粉状态。若给蔬菜生产授粉，因授粉时间长，初花期花少，开花速度也慢，因此在开始开花时，将蜂群搬进温室就可以保证授粉效果。蜂群进棚的准确时间确定以后，应该在第一天傍晚，将蜂群搬进温室，30 分钟后打开巢门，因天已黑，蜜蜂不出巢，第二天随着天色渐渐转亮，温度慢慢升高，蜜蜂缓慢出巢后会重新认巢，随后适应新位置，死亡损失最少。

11. 严防鼠害 冬季老鼠在外界找不到食物，很容易钻到温室内繁殖生活，咬巢脾，吃蜜蜂，扰乱蜂群秩序，对蜂群危害很大。据笔者在晋南调查，有 80%的温室程度不同地遭受鼠害，这对温室蜜蜂授粉影响极大，因此必须严防。首先应采取放鼠夹、堵鼠洞、投放老鼠药等一切有效措施消灭老鼠，同时缩小巢门，能让 2 只蜜蜂同时进出就可，防止老鼠从巢门钻入蜂群。

12. 选择蜂种 意大利蜜蜂产卵力强，当温度达到适宜程度时即可产卵，进入繁殖状态，开始采集授粉。一般放进温室 3 天，授粉就基本正常，适合温室作物授粉。但卡尼鄂拉蜂或卡意杂交蜂必须在外界有花粉时才开始产卵，这时才有授粉积极性。一般温室花粉量小，不能满足蜜蜂繁殖的需要，授粉效果较差，不宜作为温室授粉蜂种。

四、授粉活动的组织与协调

推广蜜蜂授粉技术，和推广农药、化肥等其他独立性较强的技术不同，除了引用技术者本身外，还需要外界条件的配合。因此，搞好组织和协调工作，是大面积推广蜜蜂授粉技术至关重要的一个环节。

(一)协作方式

按经济利益原则的不同，可将蜜蜂授粉活动的协作形式，分为支持农业、互相依赖、租蜂授粉和自养蜂授粉四种形式。

1. 支持农业型 这是目前主要的形式。在蜜源比较好的地区，养蜂者自主搬运蜂群前往采蜜而完成授粉。这种合作主要是对流蜜比较好、面积比较大的作物而言，养蜂者是自愿去的，农民并没有表示欢迎，所以养蜂人员首先应主动宣传蜜蜂授粉的增产作用和防止蜜蜂中毒的注意事项。同时，要注意周围环境的变化，当遇到打农药等不利条件时，应积极主动和对方协调，请求支持。否则，应采取转移的办法。

2. 互相依赖型 在蜜蜂授粉逐渐被人们认识的情况下，一些蜜源比较好但又需要蜜蜂授粉的作物，在开花之前，农业主管部门为了增加产量，提高经济效益，积极向养蜂场发出邀请书，希望进场采蜜授粉，农业主管部门在授粉期间不向蜂场收取任何费用。有时还会帮助选择场地，承诺不打农药等各种方式，给养蜂者提供方便。花期结束后，积极为蜂场安排运输，帮助他们很快转移。养蜂场通过采蜜获得一定的经济收入，因此他们也不向农业主管单位和个人收取费用。这是目前推广蜜蜂授粉的主要合作关系。

3. 租蜂授粉 有些地方对蜜蜂授粉已经有了充分的认识，通过蜜蜂授粉已获得明显的经济效益。他们种植的植物，蜜粉欠佳，不能满足养蜂人的经济利益，养蜂人不愿无偿授粉，农作物种植者只能通过租用蜜蜂的办法，给养蜂者一些经济补偿。目前，在蔬菜制种及果园生产等方面都采取了这种合作方式。

4. 自养蜂授粉 在蜜蜂授粉季节因交通不便或租蜂难以实现，再加上本地常年都有需要蜜蜂授粉的作物，租蜂授粉又不合算，为了保证自身的经济利益，提高农作物产量，也有些单位和个人采取自养蜂的办法来解决授粉的问题。

(二)保证授粉顺利进行的措施

为了保证蜜蜂授粉技术能够顺利实施，并不断扩大授粉面积，取得显著的社会和经济效益，现将蜜蜂授粉的几项关键措施及操作办法分述如下：

1. 加强宣传 提高广大农业领导、技术干部和农民对蜜蜂授粉增产效果的认识。为了让更多的人了解和掌握这一技术，首先，应积极争取将蜜蜂授粉增产技术列入各类农业院校的教材中。其次，要利用新闻媒体广泛宣传，在《中国农民报》、《科技报》、《农业信息报》和《农业杂志》上发表相关研究结果，不要仅限于养蜂杂志。让蜜蜂授粉走出养蜂人研究、养蜂人推广的小圈子。这样可以教育一批人，使他们充分认识到蜜蜂授粉在农业生产中的重要位置，以便在推广授粉过程中积极配合，创造适宜养蜂的条件，扩大蜜蜂授粉的效果。

2. 组织示范 让农民亲眼看到蜜蜂授粉的增产效果，是大面积、大范围推广蜜蜂授粉的有效措施。研究授粉成果的试验应设在农户或果园，让科技意识比较强的农民参与。当试验结束后，邀请当地农业行政部门组织现场观摩会，用事实教育农民和农业科技干部，这是最有力的推广手段。

3. 政府部门协调 在大田作物上推广蜜蜂授粉，不是一家一户的问题，蜜蜂飞行范围大，直接受益者不固定，独家果农难以实施，这就需要几家、几十家，甚至几百家联合租用。各家的认识程度不同，更难以实施。除了投资者不能获得一定收益的因素外，还有投资者引入蜜蜂后，其他农户不配合，在花期喷药，造成蜂群死亡，所以必须有政府部门出面协调，最少在一个村或者距离较近的几个村，授粉作物相同的村庄联合行动，大力推广生防技术，在花期不要施化学农药。如果有私自施药者，应给予处罚。

4. 签订授粉合同 为了保证养蜂人和农民双方的利益，使授粉工作顺利进行，双方应事先签订书面合同，将双方的责任在合同中载明，以便于双方共同遵守。在双方责任合同中，应明确以下几个主要内容：

(1)合同的主体 在合同中应写清养蜂者和租用者的单位、姓名、地址和联系方式。

(2)蜂群数量和标准 双方应根据作物确定蜂群数量和蜂群标准。蜂群是以群计，易直观控制。蜂群标准很关键，是蜂群授粉效果好坏的主要指标。麦格雷戈等(1979)建议采用群势单位来计算，即蜂群内有1框足蜂或者有1框封盖子脾就是一个单位。例如，一群蜂有17张满蜂巢脾，其中8张上面有封盖子，就算是一群有25个单位的蜂群。在春季授粉蜂群的授粉单位要求在15个左右。但夏、秋季应高些，以25个以上为宜。还有人提出将子脾面积(数量)作为蜂群授粉能力等级的标准。不论采用哪一个标准，都应该在合同中明确规定。一般情况下蜂群运到以后，租用者可随机抽查，对蜂群评等定级。

(3)租金的标准及支付办法 在合同中应该载明每群蜂或授粉单位的租金，蜂场到授粉地后，双方对蜂群质量和数量共同鉴定，然后与合同指标相对照。在合同中还应约定租金支付办法，一般采用预付、到场支付50%或者授粉完成后一次性支付三种方式。

(4)进入授粉场地的时间 可采取提前准确约定，指定在几月几日至几日到达，也可采用合同预约大概时间，准确时间另行约定。但最重要的是约定授粉总时间为多少天，若超过应补付租金。一般进场时间应根据授粉对象来定，梨树等果树以在25%的花开放时蜜蜂运到为最好，樱桃一开花就应进场。

(5)养蜂者在授粉期间的责任　应将蜂群调整到最佳的授粉状态，加强管理，保证有足够的蜜蜂出巢访花授粉。

(6)租用者的责任　应保证在授粉期间不喷洒农药，并说服邻居也不要喷洒农药，若违约应承担什么责任，并负责协调解决养蜂人与当地有关机关或个人发生的矛盾。

蜜蜂授粉合同的样本如下：

授粉合同(样本)

日期

养蜂者单位＿＿＿＿＿＿＿＿＿＿＿＿＿＿＿＿

　　　姓名＿＿＿＿＿＿＿＿＿＿＿＿＿＿＿＿

　　　住址＿＿＿＿＿＿＿＿＿＿＿＿＿＿＿＿

　　　电话＿＿＿＿＿＿＿＿＿＿＿＿＿＿＿＿

栽培者姓名＿＿＿＿＿＿＿＿＿＿＿＿＿＿＿＿

　　　住址＿＿＿＿＿＿＿＿＿＿＿＿＿＿＿＿

　　　电话＿＿＿＿＿＿＿＿＿＿＿＿＿＿＿＿

租赁蜂群数量和标准＿＿＿＿＿＿＿＿＿＿＿＿

蜂群租金＿＿＿＿＿＿＿＿＿＿＿＿＿＿＿＿

额外搬运蜜蜂的报酬和其他费用＿＿＿＿＿＿＿

租金总计＿＿＿＿＿＿＿＿＿＿＿＿＿＿＿＿

作物名称＿＿＿＿＿＿＿＿＿＿＿＿＿＿＿＿

蜂群摆放位置将为＿＿＿＿＿＿＿＿＿＿＿＿＿

栽培者同意：

1. 限＿＿＿＿＿＿＿＿天前通知把蜂群运进作物地。

2. 限＿＿＿＿＿＿＿＿天前通知把蜂群运走。

3. 运到蜂群时付给租金总额为＿＿＿＿＿＿＿＿

4. 运到蜂群后＿＿＿＿＿＿＿＿天内付清全部租金。

5. 过期未付，按每月付给金额1%的利息。

6. 除非得到养蜂者的允许，在租蜂期不得在作物上喷洒有毒农药，如果邻居喷洒毒剂要预先告知养蜂者。

7. 提供无污染的蜜蜂饮水站。

8. 担负由于牲畜的损坏或摧残所造成的损失。

9. 蜂群在作物地时，承担公众被蜜蜂刺蜇的责任。

养蜂者同意：

1. 栽培者检查时，打开随机选定的蜂群，并显示其群势。

2. 为保有效授粉，必须将蜜蜂在作物种植地放置蜂群一定的时期，估计约需＿＿＿＿天，最长需＿＿＿＿天，过期后就搬走蜂群或另续合同。

3. 在为作物授粉期，保证蜂群放在适宜地方，保持蜂群处于良好状态。

签订者：

栽培者＿＿＿＿＿＿＿＿＿＿＿＿＿＿＿＿

养蜂者＿＿＿＿＿＿＿＿＿＿＿＿＿＿＿＿

日　期＿＿＿＿＿＿＿＿＿＿＿＿＿＿＿＿

合同中未列事项，双方认为确有必要的，可以另立条款载明。

第三节　蜜蜂授粉的应用及配套技术

蜜蜂授粉对提高农作物产量，改善果实品质，有显著的作用。多年来科学工作者已将该技术应用于果树、蔬菜等多种作物的制种及大田生产上，针对各类作物的具体特点和气候因素，摸索和研究出了一套比较成熟的授粉增产技术。在农业增产上收到了非常显著的增产效果。现将其实际应用方法分述如下：

一、果树类的蜜蜂授粉

(一)苹果的蜜蜂授粉

大多数的苹果品种，只有接受不同品种的花粉才能结实。来自同一品种中的同株或异株上的花粉，不能使子房生长和受精。苹果花有 5 个雌蕊，每个雌蕊有 2 个胚珠。试验证明，每个苹果内有 8 粒以上的种子，果子生长平衡，不会产生歪果。多数的苹果品种，蜜蜂采蜜时必须用口器在花的雄蕊和雌蕊之间舔吸，这样来回穿越，蜜蜂身上带的花粉便传到了雌蕊上，从而起到了传粉的作用。近几年来，由于果树面积发展很快，果树上推广蜜蜂授粉意义更大。鹿明芳(1999)用蜜蜂给三种苹果品种作授粉试验，结果如表 8 所示。

表 8　放蜂、人工授粉对果树坐果率与产量的影响

品　种	授粉方法	花朵数(朵)	坐果数(个)	坐果率(%)	平均单果重(克)	平均 667 米^{2}产量(千克)	坐果率较自然授粉增加(%)
红富士	蜜蜂授粉	2625	1802	68.6	200	2310	41.5
	壁蜂授粉	2750	1870	68	210	2230	40.9
	人工授粉	2845	1920	67.5	200	2200	40.4
	自然授粉	2867	776	27.1	180	1830	
乔纳金	蜜蜂授粉	2950	1848	61.3	180	2450	40.4
	壁蜂授粉	3040	1893	62.3	185	2380	41.4
	人工授粉	2925	1781	60.9	183	2350	40
	自然授粉	2895	605	20.9	175	1870	

续表 8

品　种	授粉方法	花朵数（朵）	坐果数（个）	坐果率（%）	平均单果重（克）	平均667米^{2}产量（千克）	坐果率较自然授粉增加（%）
新红星	蜜蜂授粉	2870	1742	60.7	225	1580	50.4
	壁授粉蜂	2645	1629	61.6	228	1500	51.3
	人工授粉	2930	1769	60.4	223	1490	50.1
	自然授粉	3010	310	10.3	224	1200	

表中数据表明，蜜蜂授粉、人工授粉和壁蜂授粉，对三个苹果品种的坐果率、每667平方米平均产量影响不大，但其坐果率较自然授粉提高40%～51.3%。蜜蜂授粉和自然授粉相比，红富士每667平方米增产480千克，增产26.2%；乔纳金每667平方米增产580千克，增产31%；新红星每667平方米增产380千克，增产31.7%。宁夏贺兰县杨春元的研究结果表明，有蜂授粉比无蜂授粉产量提高2倍多。素有“苹果之乡”美称的旅大市，在建国初期就采用蜜蜂为苹果授粉，1979年市有关部门组织4万群蜜蜂为300多万株苹果树授粉，苹果增产3万吨，节约人工授粉劳力，为社队增收720多万元，增产也在30%左右。

近年来，山西省苹果花期气候的多变，造成了苹果总产量的不稳定。笔者于2008年初，应用蜜蜂为大田苹果授粉。当地花期前连续降雨，雨后又大风降温，形成霜冻，严重影响了苹果花的授粉，造成该地区红富士和新红星两个品种坐果率明显下降，总产量大幅降低。但是采用蜜蜂授粉的果园增产效果十分显著。由表9可以看出，红富士蜜蜂授粉组的坐果率，比自然授粉组的坐果率提高159.7%，新红星蜜蜂授粉组的坐果率，比自然情况下授粉组的坐果率提高309.4%。

表 9 蜜蜂授粉与自然授粉坐果率对照

品 种	红富士		新红星	
授粉方式	蜜蜂授粉	自然授粉	蜜蜂授粉	自然授粉
样本总数(朵)	1004	1044	1258	1098
坐果数(个)	240	96	438	93
坐果率(%)	23.9	9.2	34.8	8.5

由表 10 可以看出,随着蜜蜂授粉次数的增加,坐果率也明显增加,一定程度上二者变化具有相关性。因此,保证一定的授粉强度,是提高坐果率的有力措施。

表 10 不同授粉次数坐果率比较

授粉次数(次)	3	5	7	9
样本总数(朵)	72	100	138	56
坐果数(个)	8	19	30	14
坐果率(%)	11.1	19	21.7	25

由表 11 可以看出,同期相比蜜蜂授粉组平均幼果重 3.54 克,是自然授粉组 1.62 克的 2 倍以上,样本中最小值增重 90.20%,最大值增重 71.6%,幼果平均增重 112.34%。

表 11 不同授粉方式对幼果重的影响

处 理	幼果重最小值(克)	幼果重最大值(克)	幼果重平均值(克)
自然授粉	0.51	3.03	1.62
蜜蜂授粉	0.97	5.20	3.54
增重比例(%)	90.20	71.60	112.34

由表 12 可以看出,在两个品种的授粉实验中,红富士品种蜜蜂授粉组的平均单株总产量为 69.80 千克,是自然授粉组 31.88

千克的 2.19 倍。新红星品种蜜蜂授粉组的平均单株总产量为 87.50 千克,是自然授粉组 34.1 千克的 2.56 倍。因此,应用蜜蜂为大田苹果授粉可以明显地提高产量。

表 12　果实总产量对照

品　种	红富士		新红星	
组　别	自然授粉	蜜蜂授粉	自然授粉	蜜蜂授粉
总产量(千克)	4495.29	279.205	136.5	87.5
株数(株)	141	4	4	1
平均株产量(千克)	31.88	69.80	34.125	87.50

果树蜜蜂授粉实验组的果形指数为 0.8282,小于自然授粉实验组的果形指数 0.8516,蜜蜂授粉的果实外形更接近圆形,因此外形好于后者。经测定,蜜蜂授粉组与自然授粉组样本的着色指数分别为 67.33%和 47.33%,可见蜜蜂授粉组果实的发育快于自然授粉组。可溶性固形物含量与酸度的比值反映了果实口感的好与坏。"NY/T268－1995"中规定了红富士品种的果实中,可溶性固形物含量≥0.14;酸度≤0.4,计算后得出红富士品种果实的固酸比≥0.35。由表 13 可见,蜜蜂授粉实验组果实的固形物含量,与自然授粉的果实固形物含量相比差异不显著($p>0.05$)。蜜蜂授粉实验组果实的酸度为 0.3374,显著地低于自然授粉组果实的酸度 0.4259($p<0.01$)。蜜蜂授粉组果实的固酸比为 0.4098,显著地高于自然授粉组 0.3334($p<0.01$),说明蜜蜂授粉组果实的口感明显地好于自然授粉组。但是,蜜蜂授粉次数小于 9 次的实验组果实,其固酸比的比值显著地大于以上两组。在实际试验过程中,口感却不好,原因是该实验组果实中可溶性固形物含量较低,酸度也较低,因此造成了固酸比的增大。含糖量上升 1 度,可被人体感官所识别,所以该组果实虽然固酸比值较大,但口感上不如蜜蜂授粉组果实好。

表 13　蜜蜂授粉与果实品质化学指标的关系

序　号	组　别	固形物含量(%)	酸　度	固酸比
1	授粉<9 次	12.90±1.566aA	0.2767±0.045aA	0.4735±0.067aA
2	蜜蜂授粉	13.5±1.634aAB	0.3374±0.052bB	0.4098±0.076bB
3	自然授粉	13.93±1.337bB	0.4259±0.069cC	0.3334±0.060cC

注:a、b、c 代表数据的显著性($p<0.05$);A、B、C 代表极显著性($p\leqslant0.01$)

固形物代表可溶性固形物含量;酸度代表可滴定酸含量;固酸比为可溶性固形物含量与可滴定酸含量的比值。

蜜蜂采集苹果花的规律是,上午 6 时以前和 18 时以后完全不活动,上午 6～7 时有少数活动,7 时以后活动蜜蜂迅速增多,一天内活动蜜蜂最多的时间是 7～11 时,占全天活动的 53.35%,15 时以后逐渐减少,18 时后就不出巢了。

果园采用蜜蜂授粉要注意以下几点:第一,要注意授粉树的定植方法,不要图方便成行栽植授粉树。试验证明,由于蜜蜂习惯顺行采集,不跨行授粉,在果园里只有 11%的蜜蜂从一行飞到另一行交叉采访。第二,为了保证授粉效果,以 3 000～4 000 平方米放一强群蜜蜂为佳,以自花授粉受精能力强的华冠、富士为主的果园,可少放一些蜜蜂,红星集中地区多放些蜜蜂。第三,在果树行间设喂水池,在果园间作油菜可提高授粉效果。在果树花期喷施硼肥可以提高受精率。果树坐果率高低与蜂群距离有很大关系,蜜蜂群越近,坐果率越高。实践证明,授粉蜂群在果园内应间隔 200 米,6～8 箱为一组排放。第四,蜂群管理要点:要平衡搬动蜂群,防蚂蚁,巢门向南,蜂箱要加覆盖物,以免太阳直晒,还要喂水。

(二)柑橘的蜜蜂授粉

柑橘为多年生木本植物,单性结实。陈盛禄(1988)对蜜蜂为柑橘授粉作了全面详细的试验研究。蜜蜂授粉可使柑橘坐果率达到 12.74%,无蜂区坐果率为 8.26%,前者比后者提高 54.24%,

净增4.48%。经t检验,差异极显著,产量提高38.55%。对试验区和对照区果实的果重、瓣重、柠檬酸、转化糖、还原糖、维生素C和可溶性固形物进行了定量检测,数值虽有上下变化,但经检验,两者差异不显著,说明蜜蜂授粉不影响品质。有人担心经蜜蜂授粉后,蜜橘会出现大量的种子,使品质变差,乌列克国有农场进行了相关试验。有蜜蜂或者其他昆虫进行异花授粉时,温州蜜橘果实产量增加6.3%,而且坐果率在自花授粉时为93.76%,有蜜蜂授粉时为100%;自花授粉时978个果实中,没有一个果实有种子;异花授粉的3 981个果实中,也仅有18个果实中有种子,并不像想象的那么可怕。自花授粉果实的平均单果重为58.1克,而蜜蜂授粉的平均单果重为64.45克,果肉的平均重量也由36.7克增加至44.22克,可见蜜蜂授粉不但不会使果实品质变劣,而且可以提高产量和单个果实的重量。

(三)锦橙的蜜蜂授粉

锦橙是我国柑橘优良品种之一,也是出口的主要水果品种。在生产上锦橙开花多,坐果率低,不能高产,是授粉不足所致。四川省农业科学部门曾进行人工授粉试验,坐果率和产量都得以提高。但因锦橙花期短,大面积种植后,采用人工授粉有困难,于是吴海之等人(1988)将蜜蜂授粉在锦橙上进行了研究和应用,试验结果为:采用蜜蜂授粉的坐果率为31.2%,进行自然授粉的坐果率仅为1.6%,通过蜜蜂授粉使锦橙坐果率增加29.6%;果形和色泽两者无明显差异;通过蜜蜂授粉的,果实大,平均单果重107.7克,均匀,而自然授粉的果实较小,平均单果重96.6克;蜜蜂授粉的每个果平均种子数为5.6粒,而自然授粉的每个果平均种子数为1.6粒。他们将这一技术应用在生产上,1980年崇庆县怀远一队采用蜜蜂授粉后,锦橙产量一跃高达12 791千克,比前四年的总产量(5 998千克)还高1倍多。锦橙授粉每50株树配一群蜜蜂,因花期短,所以应在开花前 4～5 天将蜂运到授粉场地。

(四)梨的蜜蜂授粉

梨多为自花不育,一直采用人工授粉的方法。采用人工授粉可使产量提高 2～3 倍,但人工授粉首先要采集花蕾,制成干花粉,否则就需高价向别人购买,既费工,又与春耕生产竞争劳力。梨花花粉充足,花内具有蜜腺,适合蜜蜂采集授粉。梨树开花要求温度在 11.4℃,气温在 15℃以上连续 3～5 天才能开花,如花期遇连续低温,其花期推迟,并缩短 1～2 天。蜜蜂是在气温达 14℃时开始飞向梨园采花的,气温在 18℃时最为活跃。吴美根(1984)用蜜蜂为砀山酥梨授粉,蜜蜂授粉、人工授粉和自然授粉的坐果率分别为 44.5%～45.9%,28.0%～33.3%和 2.2%～5.6%。蜜蜂授粉完全可以代替人工授粉,蜜蜂授粉区平均株产量比全场提高 15%以上。采用蜜蜂授粉后梨树上部的坐果率比下部提高 10.9%,与人工授粉相比,上部坐果率提高了 7.3%,下部下降 3%,梨树上下部结果均匀,充分利用了上部光照好、通风好和营养充足的优势,使梨的含糖量提高 1%。邵永祥(1995)用蜜蜂为香梨授粉,坐果率比自然授粉提高 25%,蜜蜂授粉区每 667 平方米平均产果 1.679 吨,而自然授粉区仅为 1.219 吨,产量提高了 37.74%。蜜蜂授粉后香梨达 90 克标准的占 90%,是香梨的一项增产措施。

因为梨树授粉在早春,此时蜂群正处于更替或春繁阶段,为了保证授粉效果,春繁前蜂群应达到 4～5 框蜂,待给梨树授粉时群势可达 8～9 框蜂,蜂群处于最佳状态。建议梨树花期对蜂群采用分区管理的办法。在柳树开花时将巢箱分为 2∶7 区管理,梨树花期将蜂王放在蜂箱的一边作为蜂王产卵区,小区内放 2 张空脾供蜂王产卵,在大区靠隔王板的地方,放 1 张贮粉用空脾,授粉 7 天后,将小区的虫脾与大区的空脾对调一次。在梨树授粉期间,每天喂 500 克大蒜糖浆,调动蜜蜂授粉的积极性。在梨树开花达 20%

以上时，将蜂群放到梨园。蜂场应分小组摆放，小组之间相距750米。一群蜂可为1 500～2 500平方米梨树授粉，每公顷梨树放蜜蜂10～12群，如梨园附近有油菜等竞争花，则应增加蜂群数量。

蜜蜂授粉不仅可提高梨树的坐果率和产量，而且还可利用蜜蜂采回的花粉，为其他地区人工授粉提供有活力的花粉，这样可大大降低人工采集花粉的成本。日本冈田一次（1983）将蜜蜂当天采回的花粉用水洗，然后用硅胶干燥并存于温度为－10℃的条件下。将处理过的蜂花粉给59朵花授粉，结果50个，结果率达84.7%，稍低于直接采花进行人工授粉的结果率86.2%，但优于自然授粉组。

（五）猕猴桃的蜜蜂授粉

猕猴桃是雌雄异株，雌株上的花要求雄株的花粉粒授粉。猕猴桃花大，乳白色，直径为3～5厘米，具有5或6个花瓣，花期为2～6个星期。不论雌花还是雄花，泌蜜量都很低。果实的大小与受精充分与否有直接关系，只有雌花获得2 000～3 000粒具有活力的花粉，与雌花的胚珠受精融合后，才能结出72克重的果实。蜜蜂采粉时间主要在8～14时之间，12时为高峰时间。蜜蜂采集一般倾向于采雄花，既采雌花又采雄花的蜜蜂很少。它们互相授粉有人认为是在巢房里进行的，采雄花的蜜蜂回到巢中脱下花粉团，它们不经心地将花粉散落在蜜蜂巢内其他采访蜂身上，当蜜蜂再出去采访雌花时便将花粉散落到雌花上。因为猕猴桃泌蜜少，再加上蜜蜂的采集特点，给猕猴桃授粉时应多配备些授粉蜜蜂，一般每4 000平方米配备3～5群。蜂群平均群势为8框足蜂。为了提高猕猴桃的授粉效果，激发蜜蜂授粉的积极性，首先要刺激蜂王多产卵。通常采用的办法有饲喂糖浆，在园内种些三叶草，于猕猴桃开花季节在园子周围种植些既可做风障、又可流蜜的高大乔木，如刺槐和桉树等。我国学者杨龙龙（1990年）对我国中华猕猴桃生产区的授粉昆虫进行了调查研究，中华蜜蜂和意大利蜜蜂是最理想的授粉昆虫，所占比例最大。美国俄勒冈州利用蜜蜂为猕猴桃授粉，产量增长5倍，一级果也由55%增至67%。

朱友民(2002)利用中华蜜蜂、意大利蜜蜂为79-3中华猕猴桃、徐香美味猕猴桃授粉，与隔离条件下人工授粉进行对比，对猕猴桃的坐果率、产量和品质进行了研究。

1. 访花习性　蜜蜂采访猕猴桃花，在上午9～11时数量最多，午后逐渐减少，可持续活动到下午6时30分太阳落山。在上午阴雨、下午转晴的天气中，采集高峰随一天中天气转晴时间而向后推迟。通过对网内隔离蜜蜂的观察，发现采集雌花蜜蜂足上的花粉团颜色为乳白色，采集雄花蜜蜂足上的花粉团颜色为米黄色，少数蜜蜂足上携有混合花粉。在雌雄树枝交叉处，同一只蜜蜂每次出巢既采集雄花又采集雌花。但一般情况下大多数蜜蜂习惯于采访单性花。每一朵花可在短时间内被蜜蜂采访多次，采访的时间可以持续数秒至1分钟以上。

2. 提高坐果率　1号试验地种植79-3品种为对照，网内人工授粉花蕾数为1 713个，坐果697个，坐果率为40.69%；网内中华蜜蜂授粉花蕾数为1 734个，坐果1 178个，坐果率为67.94%，比人工授粉组高27.25%；网外用意大利蜜蜂授粉，授粉花蕾数为1 058个，坐果467个，坐果率为44.14%，比人工授粉组高3.45%(表14)。

表14　79-3猕猴桃坐果情况

对照组(人工授粉)				中华蜜蜂授粉组				网外自然放蜂授粉组			
株数	花蕾数	果数	平均坐果率(%)	株数	花蕾数	果数	平均坐果率(%)	株数	花蕾数	果数	平均坐果率(%)
4	1713	697	40.69	4	1734	178	67.94	2	1058	467	44.14

2号试验地种植徐香品种。网内人工授粉7株树，花蕾数为

461个，坐果259个，坐果率为56.18%。网内意大利蜜蜂授粉7株树，花蕾数为492个，坐果403个，坐果率为81.91%，比人工授粉组高25.73%；网外用意大利蜜蜂授粉，授粉花蕾数为150个，坐果136个，坐果率为86.92%，比人工授粉组高30.74%。网内未进行人工辅助授粉的花蕾数为150个，坐果15个，坐果率为10.00%。由此可见，只要花期温度适合蜜蜂飞行，利用蜜蜂为猕猴桃授粉，其坐果率能比人工授粉提高25%以上(表15)。

表15　徐香猕猴桃坐果情况

对照组(人工授粉)				意大利蜂授粉组				网外自然放蜂授粉组			
株数	花蕾数	果数	平均坐果率(%)	株数	花蕾数	果数	平均坐果率(%)	株数	花蕾数	果数	平均坐果率(%)
7	461	259	56.18	7	492	403	81.91	2	214	186	86.92

3. 提高产量和品质　79-3品种，经蜜蜂授粉后，70克以上商品果总量为25.7千克，比人工授粉树商品果23.985千克增产7.15%；其中蜜蜂授粉的80克以上优质商品果为18.255千克，比人工授粉的优质商品果17.125千克增产6.60%(详见表16，表17)；徐香品种，蜜蜂授粉树50克以上商品果总量为7.6千克，比人工授粉树商品果5.775千克增产20.17%～64.97%，平均31.60%，取蜜蜂授粉和人工授粉果重100克的79-3商品果各10个，检测种子数，蜜蜂授粉的种子数每果平均为408粒，人工授粉的平均为394粒。蜜蜂授粉的79-3商品果糖分、总酸与维生素C含量分别为10.2%，1.4%和59.0毫克/100克；人工授粉的商品果糖分、总酸与维生素C含量分别为10.6%，1.4%和54.5毫克/100克。二者均在正常值范围之内。

表 16　人工授粉配对试验商品果产量对比

品种	网号	树号	花蕾数（个）	坐果数（个）	叶果比	商品果产量（克）	优质果产量（克）
徐香	1	11	32	18	10 以上	885	830
	2	17	68	44		2510	1600
	3	18	75	51		2380	1450
	平　均		58.3	37.7		1925	1293.3
79—3	1	5	467	184	6.7:1	12860	10175
	2	6	787	178	6.1:1	11126	6950
	平　均		.627	181	6.4：1	11992.5	8562.5

表 17　蜜蜂授粉配对试验商品果产量对比

品种	网号	树号	花蕾数（个）	定果数（个）	叶果比	商品果产量（克）	优质果产量（克）
徐香	1	20	32	27	10 以上	1460	905
	2	28	64	50		3280	2095
	3	19	75	63		2860	1740
	平均		57	46.7		2533.3	1580.0
79—3	1	2	407	199	6.2:1	14200	10705
	2	7	445	177	6.1:1	11500	7550
	平　均		426	376	6.2：1	12850	9127.5

4. 蜜蜂为猕猴桃授粉的技术要点

(1)放蜂密度　建议园内按 8 群/0.4 公顷的密度放入蜂群。若蜂群密度过高，对生产无益。Lawrence 等(1985)提出，放蜂密度为每 0.4 公顷放 3～5 群，即可保证充分授粉。河南李晓锋研究结果认为，每公顷 10 群蜜蜂授粉，最好。当然，授粉蜜蜂的具体配放密度，还受到周围同花期其他蜜粉源植物的影响，在周围其他蜜粉源丰富的情况下，应适当提高放蜂密度。

(2)蜜蜂品种 湖北唐丽娜观察认为:进行猕猴桃园蜜蜂授粉最好选择定向力强的、善于采集零星蜜源、节省饲料的蜂种,如喀尔巴阡蜂、喀尼阿兰蜂、东北黑蜂和美意蜂等及其杂交种。

(3)注意人工训练,刺激蜜蜂授粉的积极性 在生产中,发现蜜蜂采访猕猴桃花的积极性不仅与群内子脾数量、贮粉状况、采集蜂数量有关,更与这群蜂是否经过猕猴桃花的刺激训练有关。由于早熟猕猴桃花期正值柑橘类和紫云英等蜜源植物同时开花,存在不同蜜粉源植物种类的花间竞争,加上猕猴桃花泌蜜少或无蜜,在自然状况下,蜜蜂采访猕猴桃花的积极性不是很高。在蜜蜂采集猕猴桃花粉时于巢门口观察,网内长时间隔离采集猕猴桃花粉的一群意大利蜂,在10分钟内有269只采粉蜜蜂,其中采集猕猴桃花粉的有189只,占70.26%;而未经隔离的一群意大利蜂,在10分钟内只有97只采粉,其中采集猕猴桃花粉的只有47只,占48.45%。

(六)李子的蜜蜂授粉

沙李子是李子的一个地方品种,在我国云南省广泛种植。但因自花授粉坐果率低,故产量也很低。为了提高其坐果率和产量,匡邦郁等人对东方蜜蜂授粉进行了研究。其结果是,蜜蜂授粉花期为10.2天,而无蜜蜂授粉的花期为12.7天。蜜蜂授粉受精早,花落得早,花期缩短2.5天。蜜蜂授粉的坐果率为0.3%,而无蜜蜂授粉的坐果率为0.2%,实验组比对照组提高50%。实验组的单株产量为8.8千克,对照组的单株产量为6.5千克。实验组单株产量比对照组增加了2.3千克,产量提高35.39%。

(七)柿子的蜜蜂授粉

柿子树采用蜜蜂授粉后坐果率达7.31%,而自花授粉的坐果率仅为4.22%;蜜蜂授粉后,采收的果实占幼果总数的66.55%,而对照树仅占幼果总数的12.35%。蜜蜂授粉的果实,成熟时果实呈橙色,果肉具有黑色条纹，味甜可口。自花授粉的果实呈黄绿色，果肉为浅黄色，味涩，未完全成熟时不堪食用。蜜蜂授粉后，产量提高 40%，果实成熟得早。蜜蜂在 13 时采花的最多。蜜蜂采访柿树花的次数是其他昆虫的 9 倍，蜜蜂是柿子树的优势授粉昆虫。

（八）石榴的蜜粉授粉

石榴是石榴科落叶灌木或者小乔木，在我国南、北方地区均有种植，其果实是大众喜爱的水果。石榴成年树每株开花量非常大，但由于授粉不良、花器不全、树体营养不足、病虫危害和自然灾害等原因，落花落果量大，坐果率很低。石榴属于异花授粉植物，同株异花和同品种授粉可以坐果，但坐果率不高。不同品种授粉坐果率较高。石榴树的大多数花是退化花，正常花只有 10%左右，在自然授粉状态下，坐果率很低，一般为 2%～5%；在采用人工授粉和喷施激素（赤霉素）的方法后，坐果率有所提高，但劳动强度大，耗时多，而且有授粉不均，容易伤花等不利现象发生。但利用蜜蜂授粉，却可以提高产量数倍至数十倍，还节省人力，经济效益十分可观。

石榴属于异花授粉，不同品种间授粉比同株异花授粉坐果率高得多，而且所结的果实果型好，品质好。近年来，科研人员和果农开始进行利用蜜蜂授粉的研究和尝试，取得很好的效果。石榴花期长达 60 天左右，在天气正常时一般在上午 9 时至下午 4 时，花朵大量泌蜜、吐粉，经测定，一株长势正常的普通石榴树，可以分泌 38.25～54.57 毫克花蜜（董坤等，2007），正常情况下，可以采到商品蜜和花粉。

进行石榴的蜜蜂授粉时，蜂群管理方法是：一般每 150～200 株的石榴园，有 2 箱蜂即可满足授粉需要，蜜蜂可以采到足够的蜜粉。蜂箱宜放在果园中间，距离主要授粉品种不要超过 500 米。果园放蜂时应注意气候条件，蜜蜂一般在 13℃时开始活动，16℃～29℃时最活跃。在此期间，不要在果园燃烧柴火，引发烟雾。放蜂期间切忌花期喷施剧毒农药，以防杀死和驱逐蜜蜂，影响授粉效果。

（九）芒果的蜜蜂授粉

芒果属漆树科芒果属水果，是世界五大热带水果之一，在我国南方几省大面积栽培。芒果树是典型的虫媒花植物，在自然情况下，主要靠蚂蚁在树上活动来授粉。其授粉不足，也不均匀。芒果开花期内，常因以下原因而导致蜂类很少上花：①芒果花不流蜜，只有少量花粉；②芒果虫害严重，经常打农药，蜜蜂趋避打过农药的花；③芒果开花后散发出一种漆酸，蜜蜂不喜欢这种酸味；④芒果花分泌有黏性的物质，影响蜜蜂采食。由于以上因素，蜜蜂不喜欢在芒果花上采集，甚至有趋避行为。芒果的自然授粉主要依赖蝇类和蚂蚁，到访的其他昆虫很少，因此芒果的授粉效果很不理想，这是它坐果率及产量低的主要原因。应用经过训练的蜜蜂进行异株异花授粉后，果实的品质大大优于蚂蚁传粉后形成的果实，现在已经取得了成功。授粉蜜蜂具有群体数量大，易于移动，授粉效率高，对花朵没有伤害，授粉后果实发育好等优点，而且又没有其他环境、生态的负面影响，因此授粉效果好。

因为芒果花泌蜜较差，还有异味，蜜蜂对它授粉积极性很差。1998年杨秀武在海南率先使用食料诱导对蜜蜂进行驯化，诱导蜜蜂为芒果授粉取得初步成功。具体方法是：将蔗糖、诱导剂和水按50∶1∶49的比例配合，在每天下午5时饲喂蜂群，第二天即可见到蜜蜂去芒果花采集花粉。经观察统计：每只蜜蜂每分钟访花30～40朵，每天工作10小时，而且采集专一，可以成为芒果花期授粉的优势昆虫。秋芒果和椰香芒两个品种经蜜蜂授粉后，花序坐果率分别是没有蜜蜂授粉的418.6%和332.1%，可见，蜜蜂授粉对芒果的坐果及增产效果显著。

对芒果进行蜜蜂授粉，其蜂群管理方法是：芒果开花10%后组织蜜蜂进场，一般每公顷芒果配置7～8箱蜜蜂，蜜蜂要求身体健康，能正常繁殖，对管理没有其他特殊要求。根据芒果花期的具体实际，有针对性地驯化和诱导蜜蜂来为芒果授粉，显得非常必要。

(十)荔枝的蜜蜂授粉

荔枝属于无患子科常绿乔木，为亚热带树种，在我国的栽培面积约16.38万公顷，有4 000万株。其中广东省的荔枝栽培面积最大，其次是福建、广西、台湾、海南、四川和云南等省均有分布。荔枝花为杂性，有雌花、雄花和两性花等，通常雄花先开，雌花后开，有花蜜分泌，但花粉不足。

在我国的荔枝种植区，荔枝树普遍存在花而不实的现象。其原因主要是天气的影响。一是花期前期的阴湿低温天气，使得雄花花粉不能正常成熟，二是花期连续的阴雨天气，使花药不能正常崩裂释放花粉，也就无法完成传粉，从而导致荔枝坐果率低，产量低。因此，研究人员便尝试和研究利用蜜蜂为荔枝授粉，取得了不错的效果。

李紫伦报道，2002年开始在素有荔枝之乡的广西北流市，实施蜜蜂授粉技术，取得了成功。经蜜蜂授粉的荔枝坐果情况为5.525个/梢，与自然授粉的4.125个/梢相比，坐果率提高33.94%。当年组织了5.4万群蜜蜂对9 000公顷荔枝果树进行授粉，荔枝平均产量为725.4千克/667平方米，与全市平均产量523.5千克/667平方米相比，增产201.9千克/667平方米，提高了38.57%，荔枝产量增加2726万千克，增加产值3 271万元(按1.2元/千克计)。蜂蜜生产也取得丰收，群均取蜜4～6次，群均产蜜17.5千克，授粉区蜂群产蜜94.5万千克，按10元/千克计，产值为946万元。实现了荔枝果、荔枝蜜双丰收，取得了较好的经济、社会和生态效益。

2003年，吴杰等在福建漳州对不同群势、状态的中华蜜蜂的授粉行为，以及对坐果率影响的研究，实验结果见表18。有王蜂群的与无王蜂群的相比，采花蜂数和朵数，分别高出 339.39%和 480.75%；有王蜂群为荔枝授粉，坐果率比对照组提高 816.67%，无王蜂群比对照组提高 705.56%；有王 3 足框蜂群、2 足框蜂群和无王 3 足框蜂群授粉后，荔枝产量分别比对照组增产 4.17，3.79，3.13 倍；有王 3 足框蜂群、2 足框蜂群、无王 3 足框蜂群授粉后，荔枝单果重与对照组相比，分别提高 6.63%，6.21%和 5.61%；有王蜂群、无王蜂群和不同群势蜂群授粉，对荔枝可食率、维生素 C 含量影响差异不显著。

表 18　蜜蜂授粉对荔枝坐果的影响

群　势	雌花数	坐果数	坐果率(%)	比对照组提高(%)
3 足框	788	39	4.95	816.67
2 足框	805	35	4.35	705.56
3 足框无王	526	13	2.47	357.41
对照组	558	3	0.54	0

进行荔枝的蜜蜂授粉，其蜂群管理及田间管理方法如下：在荔枝花有 5%开放时，组织蜜蜂进场。选择晚上或者凌晨蜜蜂没有活动时，安置好蜂箱，每公顷配备 6～7 箱蜜蜂，即可保证充分地授粉。大面积种植区，每隔 1～2 千米摆放一组(6～7 群)，蜂箱巢门向内围成一圈。要求授粉蜂群为中等群势，群内有适当比例的卵、幼虫及封盖子。荔枝花期一般多连阴雨，雨水很容易冲洗花朵，使得花蜜稀薄，蜜蜂采集不积极。所以应每隔 2～3 天开箱查看群内的状况，如有贮蜜，视天气和花期决定是否取蜜，一定得保证蜂群有足够饲料。另外，根据需要在花期前 10 天施用农药，进入花期后不得再使用农药，以免蜜蜂中毒或者因花朵有异味而使蜜蜂产生拒避现象。

(十一)桃的蜜蜂授粉

桃树系蔷薇科落叶小乔木，花单生，雌雄同花，每花有雌蕊 1

个，雄蕊多个，在没有昆虫授粉的情况下，往往能够自花授粉。自花授粉结果率低，化果率高，果实较小，产量较低。因此，在桃树花期加强授粉措施，不仅可以提高桃树的结果率，增加产量，而且还可以减少畸形果，提高桃子的质量。目前塑料大棚栽培桃树的面积越来越大，但多数都依赖自花授粉或人工授粉，因而产量较低，畸形果率较高。吉林蜜蜂研究所历延芳对用蜜蜂为大棚桃树授粉的技术进行了研究。其结果是，1 号大棚有蜜蜂授粉的，平均每株桃树结果 2.9 千克；进行人工授粉平均每株桃树结果 2.05 千克，蜜蜂授粉比人工授粉增产 41.5%；2 号棚有蜂授粉的，平均每株桃树结果 4.33 千克，实施人工授粉的，平均每株桃树结果 2.63 千克，蜜蜂授粉比人工授粉增产 64.6%；3 号棚有蜂授粉的，平均每株桃树结果 3.35 千克，实施人工授粉的平均每株桃树结果 2.29 千克，蜜蜂授粉比人工授粉增产 46.2%。3 个大棚的自花授粉树落果率较高，基本没有产量。蜜蜂授粉的桃子个头明显大于人工授粉的，且桃子大小均匀，果实形状较好。蜜蜂授粉的桃子发育较快，果实成熟期比人工授粉早 6～8 天。桃子的畸形果率，蜜蜂授粉的为 5%，人工授粉的为 15%，蜜蜂授粉比人工授粉畸形果率降低 10%。自花授粉树畸形果占 50%以上，并有 90%的落果。桃树花期蜜多粉多，不仅桃花有蜜有粉，而且叶芽上分泌黏性甜液，吸引蜜蜂采集，一般能够满足授粉蜂群繁殖所需花粉和部分食料蜜，比其他大棚栽培作物蜜粉量大。如果授粉蜂群管理得当，群势不仅不下降，而且有所增长。受大棚栽培条件影响，不同大棚桃树的开花时间差距较大，因此，可以利用一个蜂群连续为多个大棚授粉，提高授粉蜂群的利用率。

阿布都卡迪尔(2006)对大棚设施栽培的桃树进行了蜜蜂授粉研究，试验结果是，2004 年单株坐果数 36 个，比采用激素坐果的提高 50.6%；2005 年蜜蜂授粉的单株坐果 49 个，比人工授粉提高 51.2%。2004 年，每 667 平方米产桃 822.6 千克，产值 6 580.8

元，效益为 5 947.8 元；比采用激素辅助坐果的产量高 333.5 千克，增产 40.5%，效益为 3 409.8 元。2005 年，每 667 平方米桃产量为 1 122.8 千克，产值 8 982.4 元，比采用人工授粉的产量高 588.7 千克，增产 52.4%，效益增加 3 976.6 元。放蜂授粉的桃树果形整齐，果皮光洁度好，汁多，糖度高，风味好。2004 年的桃果阳面平均含糖量为 13.2%，背阳面含糖量为 11.8%，分别比激素坐果的高 1.2 和 0.9 个百分点。2005 年，桃果阳面平均含糖量为 13.8%，背阳面含糖量为 11.9%，分别比人工授粉的高 1.6 和 0.9 个百分点。

张中印(2003)利用蜜蜂为温室油桃进行授粉试验，结果见表 19。通过加强蜂群管理，控制温室内的温度、湿度和空气等技术参数，蜂群繁殖正常，成年蜜蜂损失小于 30%；温室油桃蜜蜂授粉与温室和大田油桃人工授粉比较，产量分别提高 66.7%和 45.5%，增加效益 68.1%和 238.3%，单果平均重 168 克。

表 19　油桃在不同生境和不同授粉条件下的效果比较

授粉类型	品种	面积（米²）	授粉时间	坐果率（%）	疏果率（%）	平均果重（克）	畸形果率（%）	667 米² 产量（千克）	上市时间	价格（元/千克）	授粉费用（元）	温室折旧（元）	667 米² 产值（元）
温室蜜蜂授粉	曙光	667	2月1～10日	74	75	168	5～6	1600	4月17日至30日	18	100（2群蜜蜂）	3000	28800
温室人工授粉				34	—	147		960			350（35个工作日）		15280
大田人工授粉	华光	1801	2月下旬至3月上旬	41		148		1100	5月底	7		—	7700

中华蜜蜂是我国独有的蜂种，具有许多独特的优良种性，适应

性及抗病力强，善于采集零星蜜源，耐低温，是冬季及早春温室（大棚）作物授粉的理想蜂种。罗建能开展了利用中华蜜蜂授粉、人工授粉和自然授粉三种方式的试验，并且对温室内蜜蜂蜂群管理技术和提高蜜蜂授粉能力进行了研究，结果见表 20。试验表明，中华蜜蜂组的油桃坐果率比人工授粉组和自然授粉组，分别提高 13%和 30%，效益比人工授粉组和自然授粉组分别增加 25.4%和 76.8%，而且中华蜜蜂组授粉的果实大而饱满，商品性好。中华蜜蜂授粉的温室油桃，成熟期平均提前 3～5 天。事实表明，利用中华蜜蜂为温室油桃授粉，不仅能够促进坐果，提高产量，而且可以改善果实品质，提升产品附加值。

表 20　大棚油桃在不同授粉方式下的效果比较

品　种	授粉时间	授粉方式	坐果率(%)	效果(%)	平均单果重(克)	产量(千克/667 米^2)	经济效益(元/667 米^2)
白玉1号、白玉2号	3月11～20日	蜜蜂	65	30	95	1560	10080
		人工	52	17	91	1340	8040
		自然	35	—	85	950	5700

进行温室油桃树蜜蜂授粉，对授粉蜂群的管理方法是：在温室油桃始花前 2～3 天，将授粉蜂群搬入大棚内，固定于 0.5 米高的架上。授粉蜂群放置好以后，不要马上打开巢门，应经 5～6 小时的短暂幽闭，让蜜蜂有改变了生活环境的感觉。然后只开一个刚好能让一只蜜蜂挤出去的小缝，经过 2～3 天试飞，便可授粉。

为了提高授粉效果，可用油桃的花蕾在 1∶1 的糖水中浸泡一夜，然后滤去花蕾，用此糖水饲喂蜜蜂，或将此糖水喷于油桃的花蕾上，连续进行 5～6 天，刺激蜜蜂出巢采集授粉。其次，在靠隔板外侧放置喂水器，加入 0.5%食盐水。授粉蜂群应由大量幼蜂和已经排泄飞翔、但未参加采集的工蜂组成，而不是成年的老蜂，以避免发生成年的老蜂因趋光而直接飞撞塑料大棚。蜂群大小要视大棚面积大小而定,一般一个 667 平方米的大棚,配 1～2 个授粉专用中华蜜蜂的蜂箱。

二、瓜菜类的蜜蜂授粉

(一)西瓜的蜜蜂授粉

西瓜为葫芦科植物,雌雄同株异花,雌花大小为雄花的 1/4,花粉黏而且重。早晨 5 时花初开,6 时盛开,每朵花的有效授粉时间为 5～6 小时,最佳授粉时间是上午 9～10 时。一般一朵雌花蜜蜂采访 36 次才能完成授粉任务。一朵花的三个雌蕊上必须有 500～1 000 粒花粉,并且分配均匀,才能保证良好的瓜形。因此,保护地西瓜采用人工授粉难以满足授粉要求。西瓜花有雄蕊 3 枚,花药开裂时,花粉迸出。雄蕊基部有蜜盘,蜜汁累积凸起呈环状,蜜盘被花药掩盖。蜜蜂采蜜时必须穿过花药与花瓣之间的狭缝,用倾斜或者倒立的方式向下俯钻,才能使唇舌触及蜜盘,这样花粉就粘在其头部、胸部和腹部。蜜蜂在雌花上时,也用同样的动作吸蜜,从而完成了西瓜的授粉。北京市将蜜蜂授粉应用于西瓜生产。顺义县小店乡的推广面积已达 140 公顷,西瓜可提早 5～7 天上市,含糖量提高,产量提高 11.4%。

日光节能温室、大棚或玻璃温室种植西瓜,采用蜜蜂授粉非常重要。如果没有蜜蜂授粉,同时又未采取其他授粉措施,西瓜植株就不会结瓜。而用蜜蜂授粉,坐瓜率可达 41.2%～95%。品种不同,坐瓜差异较大。

历延芳(2006)对用蜜蜂为塑料大棚西瓜和大田西瓜授粉进行研究。大棚西瓜授粉试验地,用纱网将大棚隔离成两个区间,即蜜蜂授粉区和人工授粉区,每区 156 平方米,西瓜苗 132 株;另外还设有无蜂、无人工授粉小区 36 平方米,西瓜苗 24 株。在整个试验阶段,三个小区采用同样管理方法。在西瓜开花前准备好授粉蜂群,选用意喀杂交蜜蜂,在西瓜开花前 3～4 天将授粉蜂群搬入大棚,放置在靠北侧 50 厘米高的架上。并在棚内设置喂水器,饲喂清洁水。经常以西瓜花香糖浆进行奖励饲喂诱导蜜蜂,提高蜜蜂采访西瓜花的授粉积极性。在西瓜成熟后测定其产量。有蜂授粉区收获西瓜 1 045.50 千克,人工授粉区收获西瓜 787.10 千克,无蜂无人工授粉区收获西瓜为 0,有蜂授粉比人工授粉增产 258.40 千克,产量提高 32.8%。有蜂授粉产量明显大于人工授粉,有蜂授粉区最大瓜重 12.00 千克,人工授粉最大瓜重 9.00 千克;有蜂授粉区西瓜的含糖量为 12.9%,人工授粉的为 11.3%,有蜂授粉区比人工授粉区提高了 1.6 个百分点。

蜜蜂为大田间西瓜授粉的试验面积为 1 120 平方米,行距 85 厘米,株距 80 厘米,西瓜品种为聚宝王。在试验地里随机选出两个面积为 40 平方米的地块,其中一块为有蜂授粉区,不加覆盖网;另一块为人工授粉区,覆盖以 1.5 米高的纱网,阻止蜜蜂飞入。在整个试验过程中,两个试验区采用相同的管理。结果是有蜂授粉区西瓜产量为 200.10 千克,人工授粉区西瓜产量为 154.8 千克,有蜂授粉比人工授粉增产 45.30 千克,产量提高 29.3%。有蜂授粉区最大瓜重 14.00 千克,人工授粉区最大瓜重 9.00 千克。

张秀茹(2005)利用蜜蜂为西农八号西瓜授粉。当地瓜农采取自然授粉,单瓜重 5～6 千克,折光糖含量为 11%左右,每 667 平方米产西瓜 4 000 千克左右。而经蜜蜂授粉的,单瓜重 7～9 千克,增重 3 千克左右,增加 50%,折光糖含量为 18%左右,增加 7%左右,每 667 平方米产西瓜 6 506 千克,增产 2 500 千克,坐瓜率由原来的 85%,上升为 100%,增加 15%,自然授粉的畸形瓜为 5%(2 千克以下的瓜体),经蜜蜂授粉的畸形瓜为零。每 10×667 平方米地投放一群(13 脾蜂)蜂为其授粉较为合理。授粉蜜蜂群平均生产蜂蜜 33 千克,蜂王浆 1 006 克,花粉 5.5 千克,繁蜂量几乎增 1 倍。

浙江平湖农经局报道，当地大棚早春栽培西瓜已有 10 多年的历史了，但由于授粉昆虫少，大棚西瓜不能完成正常授粉，坐瓜少，瓜株易徒长，产量低。而采用激素处理虽能解决坐瓜难问题，但易造成畸形瓜多，西瓜风味差。从 2002 年开始，大面积推广大棚西瓜蜜蜂授粉技术试验，取得了丰硕的成果。试验结果表明，蜜蜂授粉比常规激素处理省工省时，平均单株坐瓜提高 0.8 个，单瓜重增加 0.1 千克，单株产量增加 0.91 千克，每 667 平方米增产西瓜 552.65 千克，增加收入 1 531.95 元，而且西瓜瓜形圆整，光洁度好，口感爽脆，风味纯正。蜜蜂授粉西瓜平均售价达到 4 元/千克以上，比其他西瓜市场价高 0.40～1.00 元/千克以上。6 年来，全市已累计推广大棚西瓜蜜蜂授粉 1 400 公顷，实现西瓜产值 1 亿元以上，为瓜农增收达 6 000 多万元。

平湖市农经局联合平湖市种蜂场引进意大利蜜蜂，在新埭镇 10 多个种瓜大户种植的 6.67 公顷(100 亩)大棚小西瓜，示范推广西瓜蜜蜂授粉技术。结果 6.67 公顷放蜂授粉小西瓜平均单株坐果 2.2 个、单瓜重 2 千克，中心和边缘糖度均达到 12 度，与常规的人工授粉小西瓜相比，单株坐瓜增加 0.6 个，单瓜重增加 0.5 千克，糖度增加 1 度，呈现出坐瓜多、瓜型大、产量高，而且瓜形圆整、光洁度好、果肉爽脆、糖度高等特点。加上蜜蜂授粉西瓜完全是一种自然、生态型产品，品质特好，因而在市场上十分好销，平均每 667 平方米增加 500 多元的收入。

对大棚西瓜进行蜜蜂授粉，每个 200 平方米以上的大棚放2～3 框蜂，面积 400 平方米以上的大棚放 3～4 框蜂。大田西瓜授粉每 667 平方米地块放 5～8 框蜂。制备花香糖浆，采摘刚开放的西瓜花 30～60 朵，置于 30℃以下的糖浆(含水 50%以上)中浸泡 4 小时以上，在蜜蜂出巢前用饲喂或喷雾方法，逐群奖励授粉蜜蜂，每群 20～100 克，每日进行多次。

(二)甜瓜的蜜蜂授粉

甜瓜为葫芦科植物,雌雄花同株。雄花是数朵簇生,雌花单生,花柱极短。甜瓜粉蜜均有,蜜蜂喜欢采访。授粉是否充分是影响甜瓜大小的主要原因。如果甜瓜内的种子不超过 400 粒,该瓜通常达不到商品瓜大小。水、肥充足时,种子越多,瓜越大。据有人观察,10 朵两性花有一只采集蜜蜂授粉,才能保证花朵授粉充分,实现高产。最佳授粉时间是早晨,每 4 000 平方米配备一箱蜂,就可满足授粉需要。

(三)草莓的蜜蜂授粉

大多数草莓品种是自花可结实的。但还有一些品种,特别是品质好的品种,由于柱头高、雄蕊短而授粉困难,这就需要昆虫授粉。近年来在冬季和早春,日光节能温室种植草莓面积越来越大,温室中没有风和传粉昆虫,使草莓授粉受到很大的不利影响。据葛风晨(1997)报道,利用蜜蜂给草莓授粉具有坐果率高、个体大、畸形果少、色泽好、生长快、成熟早和味道好等优点。王星(1999)报道,辽宁 1 500 公顷草莓种植者,采用蜜蜂授粉,不但改善了草莓的品质,而且增产 38%以上。山西省忻州市解原张六金用蜜蜂为温室土特拉品种草莓授粉,与人工授粉相比,一个 300 平方米的温室每天减少 1.5 个劳力,却增产 35%以上,畸形果减少 80%。

草莓雄蕊的花药围着雌蕊柱头,每朵花花期为 3～4 天,蜜蜂从上午 8 时到下午 4 时都有采访行为,一只蜜蜂每分钟可采访4～7 朵花。草莓整个花期长达 5 个月。

李建伟等人用蜜蜂为宝交早生草莓授粉,使草莓产量增加 20.5%～40.1%,平均增产 29.6%,坐果率平均提高 30.8%。果形也得到改善,歪果、畸形果率减少 30%左右,商品价值大为提高。大棚和温室草莓采用蜜蜂授粉,每 667 平方米纯收入增加

2 100～2 500 元，目前已在辽宁、山东、河北等地大面积推广，每群蜂租金在150～250 元之间。草莓授粉蜂群应该在晚秋喂足越冬饲料糖；在草莓开花前 3～5 天搬进大棚。入棚后，要补喂花粉，奖饲糖浆，刺激蜂王产卵，提高蜜蜂授粉积极性。一般每 667 平方米的大棚应有 4 框足蜂。

郑茂启 2003 年对日光温室草莓蜜蜂授粉技术进行了试验研究。结果是：每 667 平方米草莓，蜜蜂授粉和人工授粉的产量分别是2 806.3千克和 1 421.5 千克，蜜蜂授粉草莓比人工授粉增产 97.4%，产值增长 113.9%（表 21）。据百株畸形果调查，蜜蜂授粉的畸形果率为 3.6%，人工授粉的畸形果率为 38.2%，蜜蜂授粉比人工授粉畸形果率降低 90.6%。自 1999 年在全县大面积推广草莓蜜蜂授粉以来，草莓的产量和产值均有了显著提高。截至 2003 年，全县推广面积达到 8 公顷，每 667 平方米产量平均达 2 450 千克，产值达 14 700 元。

表 21　温室草莓两种授粉方式的产量、产值比较

处　理	667 米^2 产量（千克）				比对照±（%）	百株畸形果（个）	667 米^2 产值（元）	比对照±（%）
	Ⅰ	Ⅱ	Ⅲ	$\overline{X}$				
放蜂授粉	2679.9	2923.4	2815.6	2806.3	97.4	3.6	18241.95	113.9
人工授粉（CK）	1237.6	1509.7	1517.2	1421.5		38.2	8529.80	

高建村 2003 年对卡意蜜蜂与意大利蜜蜂的不同放蜂数量，在大棚草莓中的授粉效果进行了研究。结果是，卡意蜜蜂与意大利蜜蜂授粉，其优良果产量差异极显著，卡意蜜蜂比意大利蜜蜂授粉效果好。他研究试验了 2.13 公顷草莓放 0.175 千克、0.350 千克、0.525 千克和 0.7 千克蜜蜂的授粉效果，测算表明，4 平方米面积的产量分别是 15.11 千克、15.66 千克、15.67 千克和 16.33 千克，不同蜂量授粉的优良果之间差异极显著，蜂种和蜂量之间存在

互相影响的关系。蜂量为0.7千克的卡意蜜蜂授粉的草莓，优良果产量最高，最高产量为4.17千克/平方米。

闫启荣对草莓种植专业户使用的蜜蜂，进行了调查统计，有意大利蜜蜂，也有松丹一号杂交蜜蜂，但绝大多数是中华蜜蜂。认为中华蜜蜂最好，因为中华蜜蜂抗寒力强，不怕潮湿，只要天气稍好，一般15℃的气温就能出巢采集。罗建能2005年将中华蜜蜂生物学特性与田间实际生态环境有机地结合起来进行研究，结果证明，中华蜜蜂符合授粉昆虫的理想属性，从理论上证明中华蜜蜂是有广泛应用前景的温室授粉昆虫。

余林生利用意大利蜜蜂为棚栽草莓授粉的试验结果表明：草莓产量平均提高65.6%～74.3%，畸形果率下降60.7%～63.1%，净效益增长率为69.85%～79.02%，而且草莓甜度增加，品质改善。大棚内适时配置蜂群授粉，蜂群耗损2.0～2.1框/棚(200平方米)，但只要科学地饲养管理，也能大幅度地减少蜂群损失。

在实际生产中，为了降低生产成本，有人采用一群蜜蜂为两个草莓大棚授粉并获得成功。具体操作方法是：首先将蜂群搬入大棚，让蜜蜂在第一个棚内适应环境7～8天，下午蜜蜂回箱后，可把蜂箱搬到第二个大棚内，次日在另一个大棚内授粉。下午蜜蜂回巢，再把蜂箱搬回原来的大棚，循环往复，达到草莓隔日授粉的目的。试验证明，隔日授粉与天天授粉的草莓，产量与品质相同。最关键的是两个大棚的长、宽、高以及建棚所用的材料，如立柱等，都应基本相同，让蜜蜂入棚后觉察不到环境发生了变化。其次，蜂箱在两个大棚的位置也要大致相同，不能错位。移动蜂箱时，要保持平衡，不可剧烈晃动，避免箱内蜜蜂互相碰撞受伤及死亡。

大棚草莓授粉蜂群的管理技术如下：

第一，在放蜂前5～10天，在棚室内彻底防治一次病虫害，尤其是虫害。蜂箱放进后，一般不能再施农药，尤其要禁施杀虫剂。

在草莓开花前1周，将蜂箱放进温室的中西部，蜜蜂出入口朝东，因为蜜蜂有趋光性，有利于提早蜜蜂出巢的时间。要让蜜蜂先适应温室内的小气候。白天温度达到适宜程度时，蜜蜂便出来活动。由于温室南面光线强，蜜蜂出箱后往南飞会碰到温室的棚膜弹落在地上，失去飞翔能力。为了解决这一问题，可在开始几天从温室外面把底裙草帘盖上，遮住阳光，避免蜜蜂趋光碰膜。过几天后，蜜蜂适应了环境，再将底裙撤掉。将蜂箱放在棚室内离地面15厘米高处，放置时间宜在早晨或黄昏。蜜蜂在气温为5℃～35℃时出巢活动。其生活最适温度为15℃～25℃，蜜蜂活动的温度与草莓花药裂开的最适温度(13℃～20℃)基本相一致。气温长期在10℃以下时，蜜蜂减少或停止出巢活动。因此，要创造蜜蜂授粉的良好环境，温度就不能太低。但气温超过30℃时，应及时放风降温。

第二，降低大棚内的湿度，尤其在长期阴雨天气后棚内湿度大，棚膜上聚集的水滴多，晴天蜜蜂外出活动飞行时容易被水滴打落，造成死亡。因此，阴天骤晴后要加大通风降湿。

第三，大棚内采取多种覆盖时，揭中、小棚膜要放到两边底下，不能揭一半留一半。否则，蜜蜂飞行时钻到薄膜夹缝中极易被夹死。

第四，防治作物病虫害要选择对蜜蜂无毒或毒性小的农药，而且打药或使用烟熏剂时，应将蜂箱搬至室外，隔3～4天后再搬进大棚，防止蜜蜂中毒死亡。

第五，冬季及早春蜜源少，要加强饲喂。饲喂量以喂后蜜蜂能正常传粉为准。否则，会出现饲料过量、蜜蜂传粉积极性下降，饲料过少、蜜蜂无力飞行传粉，造成蜜蜂传粉效果下降。饲喂食料选择白砂糖与清水，按1∶1的比例熬制，冷却后饲喂。水分不能太大，防止蜜蜂生病。每脾蜂白砂糖用量为1千克，在元月前喂完。也可以将白砂糖与清水按2∶1比例熬制成糊状，然后灌满蜂饲喂器。

第六，放蜂时，为防止蜂群从放风口流失，应在放风口加一层纱网。

第七，放蜂时间为草莓第一次顶花序开花至授粉结束。

第八，保温防潮。在12月初，蜂箱内要保温，使巢内温度保持在34℃～35℃，以保证蜂群繁殖的需要。箱内保温可塞稻草等物。如果有条件，每箱填充0.5～1千克木炭吸收箱内湿气，可使箱内保持干燥。将蜂王剪翅，防止失王。如果遇到失王情况，可将失王群与其他群合并。

第九，及时收捕飞逃蜂群。草莓种植户养蜂要注意，2月底至3月初蜂群最容易飞逃，特别是中华蜜蜂。当蜂群飞到附近树上或房屋上时，会暂时停留2～3天，然后才逃离。如果见蜂群正在空中飞，可抓一把泥土往蜂团中扬去，蜜蜂会落到附近的草丛中。这时利用收蜂笼收捕。收蜂笼内最好放点糖水。如果蜂群在树上，可将蜂笼放到蜂团的上方，用软扫帚慢慢地将蜂赶进蜂笼内。当蜂团都进入笼内后，再将收蜂笼对准蜂箱，抖动几下，蜂团落入箱内后，盖上箱盖即可。为了避免蜂群再次飞逃，当蜂群安静下来后，应将蜂王的翅膀剪短。无论蜂团落到草丛中，还是落到其他建筑物上，收捕的方法基本一样。

(四)黄花菜的蜜蜂授粉

黄花菜又名金针菜。因其雄蕊低，雌蕊柱头高，花粉粒大，凭花药炸裂时的弹力很难将花粉撒落到雌蕊柱头上。因此，自然授粉结实率仅达0.5%～2%。申晋山(1990)等人用意大利蜜蜂为黄花菜授粉，以纱网罩住区为无蜂授粉区，罩外为蜜蜂授粉区，共试三个品种。中期花品种无蜂授粉区结实率为2%，蜜蜂授粉区结实率达10.9%，提高4.5倍；白花品种无蜂授粉区结实率为1.7%，而有蜂授粉区结实率为16%，提高近8.4倍；高箭中期花品种无蜂授粉区结实率为1.1%，有蜂授粉区结实率为13.1%，提高了10.9倍。因当年天气特旱且不具备浇水条件，造成落果严重，否则蜜蜂授粉结实率还会更高。蜜蜂授粉对结实率的提高，为有性繁殖黄花菜创造了条件。

(五)西葫芦的蜜蜂授粉

西葫芦为一年蔓生植物,雌雄同株异花,花期1天,蜜粉充足,纯属虫媒作物,无昆虫或动物授粉,瓜即自行退化。最佳授粉时间是上午9～11时,随着气温升高到下午1时以后花凋谢。一般情况下,蜜蜂访花7～8次即授粉充足,瓜生长正常。大田除连片大面积种植外,一般不需蜜蜂授粉。但是,近年来冬季保护地栽培面积不断扩大,由于棚内没有任何授粉昆虫,菜农主要靠涂抹2,4-D生长调节剂来进行生产。笔者将蜜蜂授粉应用于西葫芦生产上,取得了显著成效。一个300平方米的西葫芦节能温室采用蜜蜂授粉,首先每天不需要一个人半天在温室内人工涂抹2,4-D,一般西葫芦的生产周期为150天,那么一个生产周期可节约劳动力75个。如果一人一天的劳动报酬按20元计算,一个生产周期可节约劳务工资1 500元;第二,使西葫芦产量增加,其增产幅度与种植水平,和天气变化有直接关系,最低增产13.4%,最高达34.9%,平均增产22.1%;第三,提高了产品的商品性状。一般认为,西葫芦的最大直径与最小直径相差超过1.2厘米,或者呈弯形的,为畸形瓜。经过对蜜蜂授粉区一次采收的1 904条瓜进行鉴定,其中畸形瓜仅有174条,占总瓜数的9.1%。而在涂抹2,4-D生产区采摘的1 555条瓜中,畸形瓜有657条,占总瓜数的42.25%。蜜蜂授粉使畸形瓜下降了33个百分点。采用蜜蜂授粉的西葫芦不仅好销售,而且售价比涂抹2,4-D的每千克多收入0.2元;第四,为市民提供无公害、无污染的蔬菜。在比较发达的国家已经法令禁止使用生长调节剂,而我国目前节能温室生产西葫芦,90%的生产者还在涂抹2,4-D,因此蜜蜂授粉为生产无污染蔬菜提供了技术支撑。另外,蜜蜂授粉还能延长产品的贮藏期,减少植株腐烂病的发病率。一般一个300平方米的西葫芦日光节能温室,应配备

2 框足蜂。在授粉期内，应注意补喂花粉和加强保温防潮，防止烟熏剂中毒，这些仍是管理的重点。

(六)黄瓜的蜜蜂授粉

黄瓜为一年蔓生植物，雌雄同株异花，雄花簇生，雌花单生。黄瓜为虫媒作物，每朵花需蜜蜂授粉 9 次，而最佳授粉时间是上午 9～11 时。近年来，培育了不少单性结实的品种，不经昆虫授粉也能结瓜。但诸多研究证明，不论是单性结实品种，还是有性繁殖品种，也不论是大田种植，还是保护地栽培，采用蜜蜂授粉，都可大幅度提高产量。黄瓜采用蜜蜂授粉，首先可使产量增加，为单性结果的津杂 2 号、北京叶儿三、长春密刺和新泰密刺黄瓜品种，分别提高 39.2%，20.8%，31.4%和 35.02%。大田黄瓜采用蜜蜂授粉，罩内有蜂授粉黄瓜的产量比罩内无蜂授粉的高 5～6 倍。其次，在保护地内有蜂授粉区标准瓜占 73.47%，无蜂授粉区标准瓜仅占 22.45%；无蜂授粉区劣质瓜率为 17.6%，有蜂授粉区劣质瓜率为 7.75%，降低了 9.85 个百分点。第三，坐瓜数提高 20.21%，同叶位结双瓜率提高 64.07%。

日光节能温室白天的最高温度可达 35℃以上，最低温度为 7℃～8℃，最高相对湿度达 98%～100%，最低为 55%～59%，蜜蜂飞行授粉时间为：晴天 7∶30～10∶00，阴天 9∶30～14∶30，这段时间温室内温度为 24℃～30℃。温度超过 30℃时，蜜蜂飞行数量显著减少，超过 32℃时蜜蜂基本停止飞行活动，停在巢内扇风降温。空气相对湿度在 65%～90%之间时，蜜蜂飞行采集最好。晴天飞行时间提前，阴天则推迟。一只蜜蜂每次出巢采访黄瓜花 35～46 朵，用时 6～8 分钟，每分钟采访 7～9 朵花。为 400 平方米面积的大棚或温室黄瓜授粉，一般配备 6 000 只蜜蜂就可达到增产的目的。蜂群管理方法是：一要奖励饲喂糖浆和蜂花粉，并注意防潮；二是在黄瓜生产期间因有蜜蜂，故以使用高效低毒类药物为好，一般使用PT杀菌剂和防霜灵等。

美国E.C马丁将蜜蜂授粉应用于腌制黄瓜“杂交一代全雌性体”品种上。每天每朵花蜜蜂采访的总平均数是66个次。蜜蜂的采访高峰是在中午前后，从11时到中午之间。授粉后，每条黄瓜平均有229粒籽，82%的籽形状完好，18%为畸形。

大面积种植黄瓜用蜜蜂授粉，蜂群会出现越冬不良。此时应尽量选种辅助植物开花，以补充饲料的不足，同时相应提高授粉租金。

(七)白莲藕的蜜蜂授粉

白莲藕又称藕、莲、荷、水芙蓉等。属睡莲科多年生水生草本植物。在我国栽培约有3 000年历史。我国南、北各地都有种植，尤以长江流域以南栽培较多，除水田外，还广泛利用低洼田和池塘进行种植。

白莲花开花时，需要对莲花进行授粉，莲蓬、莲子才会结得又大又多。很多农民还在用传统的方法为莲花进行人工授粉，每天早晨到田间用毛笔为其授粉，除劳动量大之外，还会出现遗漏现象，授粉效果很不理想。

江西省养蜂研究所曾对莲花授粉情况做过统计和研究，结果发现：利用蜜蜂授粉可以使莲蓬的结子率由48.05%提高到76.80%，结子率提高28.75%，可以使莲子增产59.83%，使白莲每667平方米产量达到75～100千克(席贵芳等，2006)，蜜蜂授粉对莲花结子增产的作用显著。

进行白莲藕的蜜蜂授粉，其蜂群管理方法是：一般每667平方米莲塘配置1群群势较强的蜜蜂即可，莲花花粉多，完全可以脱粉，生产商品花粉。脱粉时，在早晨装好脱粉器具，根据花朵开放和闭合情况，在一天中，于采集带粉蜜蜂数量减少的时候，卸下脱粉器，让少部分花粉贮存在巢内，供蜂群繁殖。但应引起注意的是：莲花花期容易因缺蜜而影响蜜蜂的采集积极性和蜂群正常的繁殖，所以要注意检查箱内蜜粉情况，必要时进行饲喂。另外，蜂箱不能离水塘太近，花期不要施用农药。

(八)冬瓜的蜜蜂授粉

冬瓜为葫芦科(Cucurbitaceae)冬瓜属中的栽培种，是1年生攀缘草本植物。自然授粉时，坐果率低，质量也较差。利用蜜蜂为冬瓜授粉，可大大提高冬瓜的产量。归纳起来，主要有以下几个有利方面：第一，保证在花朵开放后，柱头活力和花粉活力最强的时候，有足够的花粉落在柱头上，使花粉萌发花粉管，进而完成受精过程；第二，蜜蜂在短时间内频繁往返采访花朵，总是循香优先采访花药刚崩裂的花朵，以保证有优势的来自异花的花粉；第三，异花授粉有利于提高受精率，同时使子房内胚珠都能受精，刺激生长激素分泌，使果实平衡发育，不会出现畸形；第四，因为冬瓜花有蜜，能够吸引蜜蜂积极采集，从而实现授粉的目的。

其蜂群管理及田间管理的方法是：蜜蜂为冬瓜授粉，在冬瓜有10%的花开放时，即可进入场地，把蜂箱放置于较为干燥、通风、视野开阔的地方，一般每群蜂可以满足667平方米面积冬瓜授粉的需要，大片种植的冬瓜，可以将两群蜂并排成一组摆放，每隔1千米摆放一组。场地附近1～2千米内没有自然水源的，应设置适当的饮水装置，为蜜蜂提供水源。3～4天要开箱检查一次，以防冬瓜蜜粉不好影响蜂群正常的繁殖。正常情况下，蜜蜂在冬瓜花期可以采到商品蜜和一定的花粉。

薛承坤报道，江苏省如东县是冬瓜种植大县，冬瓜酱及冬瓜制品畅销国内外，每年约有60%的产品销往日本。冬瓜的种植和加工已成为农民增收奔小康的支柱产业，该县年种植冬瓜面积在7 000公顷以上。种植初期，瓜农由于知识面窄，栽培技术不成熟，冬瓜坐果率低，瓜型不大，产量也低，每667平方米只能收到1 000～1 500千克冬瓜。由于效益低，瓜农种植积极性不高。农业技术人员对此进行研究和分析，认为产量低、效益不高的原因，主要是授粉不足，因此采用蜜蜂授粉技术，在冬瓜花期组织了千余群蜜蜂为冬瓜授粉。具体办法是：每2公顷冬瓜配一群蜜蜂，每半径为400～500米的范围内设置一个放蜂点。在冬瓜初花期的6月中旬进场，8月上中旬终花期出场，保证冬瓜花期得到蜜蜂的充分授粉。当年统计，成果率达到了70%～80%，高产田每667平方米产量达5000千克以上，是原来的3～4倍，最大瓜重30千克。因冬瓜产量迅速提高，瓜农获得了每667平方米2000元以上的收入，种植冬瓜的积极性空前高涨。现在，在当地冬瓜坐果期，每年都要组织主客蜂2000～3000群授粉。因冬瓜花蜜多，花粉也多，蜜蜂除为冬瓜花授粉外，还能收到商品冬瓜花蜜3～5千克和花粉2～3千克。蜜蜂既度过夏季的淡花期，蜂农又减少了饲料投入，还增强了群势，多收了蜂王浆，增加了收益。

蜜蜂为温室内其他蔬菜授粉，效果也很显著。温室内的苦瓜，自然授粉时基本上不结瓜。进行人工授粉，坐果率也只有70%。进行蜜蜂授粉后，坐果率可达到90%以上。蜜蜂为温室内冬瓜授粉，可使产量提高77.7%～83.46%；蜜蜂为温室内辣椒授粉，其产量比无蜂对照区增加150%，坐果率提高2倍。

三、蔬菜制种类的蜜蜂授粉

蜜蜂授粉应用在制种业上，增产效益最显著。目前，蜜蜂授粉在我国主要应用在蔬菜制种上。

（一）西葫芦制种的蜜蜂授粉

西葫芦是我国北方的主要蔬菜，山西省西葫芦制种面积达2000公顷。西葫芦通常是雌雄同株异花，但制种西葫芦为雌雄异株。西葫芦花粉重，黏度大，是纯粹的昆虫授粉作物，在制种上一直采用人工授粉的方法。西葫芦花粉活性和雌蕊柱头最佳接受力时间很短，一般不超过 5 小时，如气温高时，中午 12 时以前失去授粉受精机会，最佳授粉时间是早 8 时至 9 时 30 分。每 667 平方米每天开雌花 400 朵左右，如果采取人工摘雄花授粉，每天需寻找 100 朵雄花，然后给 400 朵雌花授粉。每人每天最多能承担 667 平方米制种田的授粉任务。为解决西葫芦制种的人力紧张问题，降低生产成本，笔者与山西省农业科学院的同事(1998)一起，采用蜜蜂进行西葫芦制种授粉试验，结果见表 22。

表 22　西葫芦制种蜜蜂授粉与人工授粉结籽情况

处　理	瓜长(厘米)	直径(厘米)	种子总数(粒)	饱满种子数(粒)	秕种子数(粒)	千粒重(克)
第一组	33.8	10.85	363.1	335.2	27.9	104.7185
第二组	33.97	11.04	365.8	322.1	43.7	106.4056
第三组	34.05	10.91	361.5	294.3	67.2	103.7878
平　均	33.94	10.93	363.5	317.2	46.3	104.9706
第一组	31.4	10.59	301.3	274.5	26.8	105.6047
第二组	31.45	10.47	287.6	266.1	21.5	104.367
第三组	31	10.46	299.8	265.5	34.3	106.0604
平　均	31.28	10.51	296.2	268.7	27.5	105.344
纯增长量	2.66	0.42	67.3	48.5	18.8	−0.3734
增产百分点	8.5	3.99	22.72	18.05	68.36	−0.0035

从表 22 中可以看出，蜜蜂授粉加快了西葫芦的生长速度。蜜蜂授粉后所结西葫芦瓜平均长度为 33.94 厘米，比人工授粉的长 2.66 厘米，提高了 8.5%。蜜蜂授粉瓜直径为 10.93 厘米，比人工授粉瓜大 0.42 厘米，增加了 3.99%。蜜蜂授粉区单瓜最多结籽 436 粒，而人工授粉区最多为 410 粒；蜜蜂授粉每株平均结籽数为 363.5 粒，比人工授粉增加了 67.3 粒，提高了 22.73%，饱满种子

数也比人工授粉多48.5粒。人工授粉千粒重比蜜蜂授粉组大，原因是西葫芦制种是和玉米套种，蜜蜂授粉结种子多，但因水肥赶不上，种子饱满度差，若能增加土地肥力，其增产效果更显著。以上结果表明，蜜蜂授粉不仅可替代人工授粉，而且还能促进西葫芦的生长，提高种子产量，降低制种成本，因其不受劳力限制，故每户还可扩大种植面积。

（二）甘蓝制种的蜜蜂授粉

甘蓝耐贮藏，产量高，很受民众欢迎。甘蓝属十字花科，是异花授粉作物，系虫媒花，必须借助于昆虫传粉受精。云南农业大学匡邦郁(1989)在甘蓝制种上采用蜜蜂授粉，实现了提早结荚，放蜂区花期仅23天，无蜂对照区花期为27.5天，有蜂授粉比无蜂授粉谢花结荚期、成熟期平均提早4天；有蜂授粉区满荚率为77.4%，比自然授粉的70.5%提高了6.9%；自然授粉区的空荚率为6.15%，比有蜂区的3.14%高了近2倍。蜜蜂授粉大大提高了满荚率和降低了空荚率(表23)。

表23　庆丰甘蓝在不同授粉条件下的结荚率比较

处　理	平均取样数（枝）	平均单枝花数（枚）	平均单枝满荚数(荚)	平均单枝空荚数(荚)	平均满荚率(%)	平均空荚率(%)	平均结荚率(%)
有纱罩放蜂	50	55.37	42.87	1.74	77.42	3.14	80.57
无纱罩自然授粉	50	56.87	40.11	3.50	70.50	6.15	75.61
有纱罩无蜂	50	59.75	2.57	45.63	4.3	76.37	80.67

授粉结果证明，9平方米的制种田有蜂区产量为1.08千克，自然有蜂区种子产量为0.74千克，有蜂授粉区比自然授粉区产量提高46%，增产效果十分显著。甘蓝蜜汁丰富，对蜜蜂很有吸引

力,在授粉时蜂群管理与正常养蜂办法相同。要谨防农药中毒。

(三)大白菜制种的蜜蜂授粉

大白菜属十字花科,是我国北方地区冬季的主要蔬菜。大白菜自交不亲和系繁殖。过去一直采用花期人工辅助授粉,费工,费时,授粉效果也不理想。利用蜜蜂来授粉,可以保证授粉均匀,效率高,增强受精后子房的生理活性,确保制种的纯度和产量。

笔者(1998)将蜜蜂授粉应用于大白菜自交不亲和系配制杂交制种,主要品种为运农和石特两个品种。结果为:结荚率蜜蜂授粉的为81.9%,人工授粉的为19.52%,结荚率提高了62.38%;单荚结籽数蜜蜂授粉的为11.18粒,而人工授粉的则只为5.18粒,提高了近1.2倍;平均单株产籽量提高了9倍。蜜蜂授粉代替人工授粉,每100平方米节约劳力100个,折合劳务费2000元左右,其经济效益相当显著。

西北农林科技大学园艺学院花卉所赵利民等,利用蜜蜂为两个白菜品种授粉,增产效果十分明显,蜜蜂授粉比人工授粉单株产量提高10.57%~58.91%,荚粒数提高3.14%~4.86%,种子千粒重提高2.32%~10.41%,种子发芽率提高0.82%~1.18%,每667平方米种植区产种子量提高36.68%~43.98%(表24)。

表24 白菜繁种田不同授粉方式主要经济收效统计

处理	每荚粒数(粒)		单株产量(克)		种子千粒重(克)		发芽率(%)		产种量(千克/667米²)	
	SX	ZS	SX	ZS	SX	ZS	SX	ZS	SX	ZS
人工辅助授粉	18.32	17.18	15.32	7.86	3.02	2.69	97.23	96.70	72.17	60.75
自然授粉	17.66	15.75	14.21	8.97	3.02	2.78	97.64	97.76	90.46	74.82
蜜蜂授粉	19.21	17.72	16.94	12.49	3.09	2.97	98.03	97.84	98.64	87.47

注:SX、ZS为大白茶品种

杨恒山(2002)利用蜜蜂授粉提高大白菜制种产量和质量的研究,用蜜蜂为大白菜品种豫白菜7号、豫早1号、豫白菜11号制种授粉。分别在0.067公顷、0.133公顷、0.200公顷和0.267公顷四块田开展。授粉开始后,在蜂群授粉期间白天全天脱粉,夜晚补饲食用蔗糖,糖水比为1∶1,隔日在大盒内灌满糖水,小盒内装满洁净水,供蜜蜂食用。结果可以看出,配制大白菜杂交种时花期投放蜜蜂授粉,能够显著提高制种产量。在试验设置的处理范围内,随着单位面积蜜蜂数量的增加,产量逐步增加。0.067公顷用1箱蜂的产量较对照增产144.6%~222.2%;0.133公顷放1箱蜂的产量较对照增产109%~161%。连续3年种子纯度为98.9%,发芽率为97.6%;0.200公顷用1箱蜂的,种子纯度为97.3%,发芽率为92.8%;均达到GB16715.2—1999的国标一级种子标准。0.267公顷用1箱蜂的,种子纯度为96.0%,发芽率为90.1%,达到GB16715.2—1999的国标二级标准。而人工授粉的种子,纯度为92.0%,发芽率为90.0%,属不合格种子。

大田大白菜杂交种利用蜜蜂授粉,应掌握以下原则:①制种区的自然空间安全隔离距离要求达到2 000米。由于蜜蜂可飞越各种障碍,所以不能将河流、山坡、树林、村庄视为屏障,而缩短安全隔离距离。②蜜蜂进入制种区以前,必须彻底完成大白菜亲本花期前的去杂、去劣工作。③为使蜜蜂不至于因身上原来存留的花粉造成制种混杂,必须将用于制种授粉的蜂群关箱饲喂5天,以便使蜜蜂身上携带的花粉消耗和死亡,确保进入隔离区内的蜜蜂身上比较纯净。④控制蜂群数量。制种田蜂群数量的多少,直接关系蜂群在田间的稳定性。如果蜂群不足,就会影响授粉效果;如果蜂群拥挤,粉源不足,就会使蜂群飞到授粉区外采粉,将隔离区外的杂粉带入制种田,造成混杂。所以,适当的蜂群数量是确保制种产量和质量的关键技术措施。根据试验结果,一般长势中等的制种田块,每公顷配置7~8箱蜜蜂;长势旺盛的制种田,每公顷配置

15箱蜜蜂。这样，在正常花期有足够粉源供蜜蜂采食，又可保证蜜蜂为大白菜花充分授粉，提高制种产量与质量。⑤适时转出蜂群。当隔离区内大白菜亲本花接近花末期时，要及时把蜜蜂转出隔离区，以确保种子质量。

(四)黄瓜制种的蜜蜂授粉

黄瓜为雌雄同株异花作物，制种黄瓜若没有昆虫授粉，就会影响种子产量。常规制种授粉是人工摘取雄花涂抹雌花。操作时，可能会因花粉涂抹不匀，受精不充分，而影响种子产量。王风鹤(1989)将蜜蜂授粉与人工授粉进行了比较，结果证明：在667平方米的棚内放一群蜜蜂，为长春密刺黄瓜制种授粉，蜜蜂授粉比人工授粉每667平方米增产种子4 555克，产量提高43.5%。

(五)花椰菜制种的蜜蜂授粉

在花椰菜制种过程中，采用蜜蜂授粉代替人工授粉，可显著增加种子产量，提高60%～112%。50平方米的网棚放1 600只蜜蜂，蜜蜂采花高峰在12时和15～16时。花椰菜制种授粉正处在春夏之交，气候干燥，应给蜂群喂水，遮荫。为提高授粉效果，应在开花前将出房子多的蜂群放在网棚内，让蜜蜂提早适应环境。

(六)萝卜制种的蜜蜂授粉

浙江大学林雪珍将蜜蜂授粉应用于萝卜制种。蜜蜂授粉区的结荚率为87.01%，人工授粉区的结荚率为46.86%，蜜蜂授粉比人工授粉提高40.15%；蜜蜂授粉的每荚结籽数为2.84粒，人工授粉的为2.72粒，蜜蜂授粉比人工授粉提高4.41%；蜜蜂授粉的667平方米平均产量为31.08千克，而人工授粉的为13.84千克，蜜蜂授粉比人工授粉增产124.57%。蜜蜂授粉增产和节约人工费两项合计，每667平方米增加经济效益11 246元。

第四节　提高蜜蜂授粉效果的措施

要提高蜜蜂授粉效果，必须对影响授粉的因素，有一个全面的了解，并根据每个因素的特点，有针对性地制定出提高蜜蜂授粉效果的措施。

一、影响蜜蜂授粉效果的因素

（一）天气状况

气候是影响蜜蜂活动的主要因素，在我国北方，尤其是华北等地区更为重要。当外界气温低于16℃或高于40℃时，蜜蜂飞行次数显著减少。强群在低于13℃，弱群在低于16℃的条件下，几乎停止采集与授粉活动。风速过大也影响蜜蜂的出勤，当风速达每小时24千米时，蜜蜂飞翔完全停止。过低的温度、有云、有雾的天气，都会影响蜜蜂的采访活动。雷雨、暴雨对蜜蜂的采集活动影响也很大。过低的温度不仅影响蜜蜂的飞翔及采访，还会对植物的花器官造成损害，晚霜冻会冻坏花器官。4℃～10℃的低温会延缓花粉的萌发和花粉管的生长，导致受精失败。长期低温阴天，影响雄蕊花粉的成熟。干旱高温和大风，都会使花的雌蕊柱头过于干燥而影响花粉的萌发。

气候因素是不可抗拒的自然因素，不以人的意志为转移。因此一定要把握、利用短暂的好天气完成授粉，否则将会造成减产。

（二）蜂群情况

蜂群大小、蜂群内采集蜂的多少和蜂群内蜂王的优劣，都会影响授粉效果。早春气温低，强群是保证授粉的主要条件，强群适应低温的能力比弱群强。蜂王产卵的好坏影响蜜蜂的采集积极性，产卵好的蜂王，蜜蜂出勤早，采集次数多。进行早春授粉，要尽量选择当地蜂群，因其对当地条件适应性强，采集授粉效果好。早春从广西等地发往华北、东北的笼蜂，当气温突然降低时，蜜蜂出巢采集次数比本地蜂少。

（三）植物的营养状况

蜜蜂授粉增产幅度的大小，与植物本身的营养状况有着密切的关系。若植物营养状况差，苗弱，尽管蜜蜂授粉很充分，坐果数增加，但终因植株营养供应不足而造成落花落果，仍无法获得很高的产量。在植物营养状况良好的情况下，蜜蜂授粉后的结果数量较不采用授粉技术的显著增多，所有果实都能正常生长。没有授粉的植物因为结果少，营养生长大于生殖生长而引起树枝狂长，造成低产。采用蜜蜂授粉的大棚、温室或地块，只有加强肥水供应，才能获得显著的增产效果。

（四）蜂种对授粉植物的选择性

蜂种对植物授粉有一定的选择性，因此应根据授粉作物的不同，在节省经费的原则下选择蜂种。例如给苜蓿授粉应采用苜蓿切叶蜂，果树在选用蜜蜂授粉的同时，也可选用角额壁蜂。日光节能温室、大棚和现代化温室种植番茄宜选用熊蜂。有人曾对植物与授粉昆虫之间的关系进行了分类，具体情况见表25。

表25　花朵和授粉者的关系

花　　朵	采访者
多喜性的——由许多不同种授粉者授粉的	多向性的——采访许多不同种植物的（蜜蜂）
寡喜性的——由少数几种有关授粉者授粉的	寡向性的——仅采访少数有关植物种的（许多独居蜂）
单喜性的——由一种或几种有密切关系授粉者授粉的	单向性的——采访一种或几种有密切关系植物种的

蜜蜂和熊蜂虽然是多向性的授粉昆虫，但是蜜蜂一次采集飞翔或连续几次飞翔中仅采访一种植物的花，又表现出蜜蜂授粉的专一性、坚定性和忠实性。

（五）授粉时间

授粉时间的确定，要考虑授粉作物的特点、当地环境因素、竞争花的多少等多方面的因素。花期较长的作物开花时，开始授粉不会对产量造成影响；花期较短的作物应在花前将蜜蜂运到授粉场地。为了提高授粉效果，给梨树等果树授粉时，为防止蜜蜂到其他竞争花上采蜜，影响授粉效果，应在25%的梨花开放时再将蜜蜂搬运到授粉场地。

（六）作物对昆虫授粉的依赖性

授粉增产幅度的大小，与作物对昆虫传粉的依赖程度有很大关系。若植物是风媒花植物，蜜蜂授粉后的增产效果相对比较低。有些植物既可虫媒，也可风媒，需要昆虫传粉，即使没有昆虫传粉也能结实，但是采用蜜蜂授粉后有一定的增产效果。还有些作物纯属虫媒花植物，如果没有授粉昆虫参与就不会结实，这一类作物采用蜜蜂授粉后增产效果十分显著。

（七）空气污染对果树花期蜜蜂授粉活动的影响

刘世杰（2003年）观察发现，空气污染会影响果树花期蜜蜂的正常授粉活动。寿光园艺场租进100箱蜜蜂，用于苹果树花期授粉。次日蜜蜂纷纷出巢，积极访花。在第三天发现蜜蜂的活动表现极为异常。除个别蜜蜂在巢门窥视外，其他都群聚巢穴，不出勤。其果农也发现有同样现象。经查证是火化厂排放的废气中含有有害气体，有害气体随风流动，污染了下游的空气环境。影响蜂群体活动。

有关专家认为，柴油或化纤类衣物在燃烧不完全时，所冒出的黑烟中含有氯化物、氟化物及酚基结构形式的环烷类化合物，均会毒害蜜蜂。在此环境下，蜜蜂采集授粉也会受到严重的不利影响。

葱蒜的有气味的挥发物质，也影响蜜蜂出巢采访。2003 年寿光农民大棚种植的凯特杏进入初花期，放蜂后连续 4 天未见蜜蜂出巢采集。而邻棚同一天放入的蜜蜂却活动正常。经过现场调查发现，大棚的树下曾间作葱、韭和蒜苗，翻地时将其埋入地下。扣棚后，棚温和地温增高，土壤中葱蒜腐烂分解后产生烯丁基、硫代亚黄酸烯丙酯类物质，此类物质挥发性较强，污染了空气，使空气产生异味，对蜜蜂活动造成了不良影响。针对以上情况，他们在树下覆盖地膜，阻止异味气体向上挥发，并结合进行通风换气。经过如此处理后，当天下午蜂群即开始出巢活动。

二、提高蜜蜂授粉的效果

(一)诱导蜜蜂为目标植物授粉

当蜜蜂授粉的区域内出现一种流蜜且花粉充足，对蜜蜂的引诱力超过目标授粉作物的植物时，为了提高授粉效果，加强蜜蜂对授粉作物采集的专一性，可以用带有这种作物花香的糖浆对它们进行训练。具体方法是：从初花期直到开花末期，每天用浸泡过该种花瓣的糖浆饲喂蜂群，以使蜜蜂尽快建立起采集这种植物花的条件反射。法国最新研究发现，如在幼虫期饲喂这种糖浆进行训练，让目标植物的气味给它们留下花蜜多的印象，这群蜂就会建立永久记忆，长久保持对这种植物的采集力，直到死亡。前苏联的研究结果证实，经过训练的蜜蜂采集次数比不训练的提高 4.7 倍。吴美根用梨树花的提取物喂蜂，蜜蜂的出勤数比喂糖浆的提高 1.49 倍。

美国 D.F 梅耶(1989 年)为了吸引更多的蜜蜂为那些对蜜蜂

没有吸引力或吸力较小的作物授粉，提高其产量，研究了一种液体状、并含有9%激素和40%对蜂有吸引力的天然物质，一种叫“蜂味”，另一种叫“增效蜂味”，在开花季节用直升飞机或者喷雾器将这两种物质分别喷到需要授粉的植物上。喷后分别在1小时、4小时、24小时、48小时统计授粉植物花上的蜜蜂数。在喷药后1小时、4小时、24小时，树上采集蜂的平均数量明显比对照组高。与对照组相比，增加蜂数0～90%。使用“蜂味”剂使巴特利特梨的坐果率提高了23%，安焦梨的坐果率提高44%，樱桃的坐果率提高12.0%。应用“增效蜂味”引诱剂，使巴特利特梨的坐果率提高44%，樱桃的坐果率提高15%，总统李的坐果率提高88%，美味红苹果的坐果率提高6%。

前苏联季米里亚席夫农学院亚·佛·古演教授研究了蜜蜂授粉训练法的具体操作方法是：在早晨将100克香味混合糖浆，灌到空巢脾上，放入蜂群中，当蜂爬满巢脾后，将其放到一个箱子中，引诱更多的蜜蜂到脾上，然后把箱子盖严，带到需要授粉作物的田野中，打开箱盖，1～2小时后，当有大量的蜜蜂飞来时，再把有蜂的脾子拿放到授粉作物的地块，均匀摆放在田地中，当蜂数达到相当数量时，就用授粉作物花香糖浆代替芳香糖浆。那些花蜜少的作物，过一段时间后可能会出现授粉蜂减少的现象，需要在前一天晚上，给蜂群喂花香糖浆。第二天在田间仍用同样的糖浆喂蜂，以保证授粉蜂的数量。这种方法在红三叶草上应用取得了良好的效果。混合芳香糖浆的制法是：将0.5千克的糖溶解于0.5千克水中，再浸入授粉植物花瓣，然后再加入薄荷、洋茴香或茴香等香精1滴。花香糖浆的制作方法是：将200克糖溶解于800克的水中，并加入授粉作物的花朵，不加香精。

在花期喷施蜂王信息素和哺育信息素，均可加速蜜蜂繁殖，刺激蜜蜂采集积极性。使用追踪信息素可以增加蜜蜂的采访活动，国外人工合成的纳沙诺夫制剂已经商品化，喷在目标作物上可吸引蜜蜂为作物授粉。

(二)蜂群的配置

对一定量的某种作物授粉,究竟应配备多少蜜蜂,授粉效果最理想,这是农业种植者和授粉者共同关心的问题。但是这个问题很难给出一个准确的数据,因为植物在一天中的有效花数不准确,一般初花期和末花期花很少,盛花期花朵数量是初花期和末花期的几倍,如果按盛花期的花数配备蜂数显然有些浪费,而按初花期有效花数配备蜜蜂则有些不足,这就只能估计一个大概的范围。假设花数一定,但蜂群的授粉能力每一天、每一刻也受到天气以及内部成员结构的影响,能出巢采集的蜂数也不一定,这也只能按经验作一个估计。这两个估计加在一块,变化范围就更大。部分植物配备蜂群的经验数据见表 26,可供参考。在应用时可以根据实际情况适当调整。

表 26　一群蜜蜂可以承担的作物授粉面积

作物名称	可授粉面积(米^2)	作物名称	可授粉面积(米^2)
油　菜	2700～4000	草木樨	2000～2700
紫云英	2700～3400	荞　麦	2700～4000
苕　子	2700～3400	向日葵	6700～10000
棉　花	6700～10000	瓜　菜	1300～6700
牧　草	2700～3400	果　树	3400～4000

(三)喷施盐水

研究结果证明,钙、钠离子有利于一些植物花粉管的生长,所以在授粉植物开花期间,喷施钙盐、食盐(钠盐)溶液等,可以提高蜜蜂授粉的效果。杨锐(1995)在花期喷盐水,使甘蓝、大白菜自交不亲和系的结实率得以提高。在花期于上午 9 时给花喷 3%的氯化钠(食盐)溶液,可显著提高蜜蜂授粉的结荚率。

(四)改花期施药为花前施药

在花期施药,不仅会使蜜蜂采蜜和授粉受到影响,而且还会造成花器官因药害而减产。山东宋心仿对油菜(表 27)和棉花(表 28)的施药方法进行了研究,证实了这一点。

表 27 油菜花前与花期施药情况对照

项目	施药次数	蚜虫情况		白锈病情况		试验	产量情况		
		检查花期	有虫率(%)	检查花期	发病率(%)	面积(米²)	总产量(千克)	100米²产量(千克)	比率(%)
花前施药	3	初期	2	初期	2	15	3	21.7	109.7
		中期	9	中期	4	267	307.6		
花期施药	3	初期	23	初期	4	2050	404.4	19.7	100
		中期	8	中期	4				

从表 27 中可以看出,花前施药比花期施药每 667 平方米增产 9.7%,蚜虫量明显降低,白锈病的发病率和花期施药效果相同。

表 28 棉花花期前及花期施药情况对照

项目	面积(米²)	成本		危害率(%)				100朵标记花			总产棉(千克)	667米²产棉(千克)	产量比率(%)	霜前产棉	
		药费(元)	工时(小时)	7月10日	8月10日	8月15日	9月10日	坐果	落铃	产棉(克)				重量(千克)	占总产比率(%)
花前施药	867	10.3	52	3	10	17	20	93	6	344	304.8	35.2	102	271.3	89.0
花期施药	914	15.2	61	10	16	21	12	87	5	320	314.8	34.4	100	255.0	81.0

表 28 中同样也证实了棉花在花期施药会导致减产 2%,霜前

棉总量下降 8%,坐果率下降 6%。

云南通县农科所研究结果也证实,花前施药龙头病只占 2%,比花期施药减少 50%。花前施药的油菜,后期有蚜虫危害株占 2%,而花期施药的有虫株数占 23%。油菜在盛花期不宜用药,如果必须使用,则应注意不能使用高浓度农药。在试验中采用 40% 乐果乳剂和 50%马拉松乳剂,以 1∶600 倍液杀虫治病,用马拉松乳剂喷洒过的 125 朵花结荚 123 朵,结荚率为 98.4%,平均每荚结籽数为 21.09 粒。而花期不施药的结荚率为 99%,平均单荚结籽数为 24.06 粒。用乐果处理过的 138 朵花,有 8 朵不结实,受药害的花占原花的 5.8%;盛花期施乐果乳剂平均单荚结籽数更少,仅有 15.6 粒,比花期不施乐果的少 8.46 粒。

意大利巴·达格林尼对花期喷农药和不喷农药的结果进行了研究。果树花的花粉发芽力的测示结果表明,喷洒农药不仅降低了花粉的萌发力,而且减少了花中的子房数。

以上情况只证明了花期施药与不施药对产量的影响,但是如果加上昆虫授粉的增产效果,两者相差更大。以上研究结果充分说明了花期施药的危害,所以应改花期施药为花前施药,以降低农药对作物的不利影响,充分发挥蜜蜂授粉的作用,从而达到提高农作物产量与品质的目的。

第五章 熊蜂授粉

熊蜂是蜜蜂总科蜜蜂科熊蜂属的昆虫，为多食性的社会性昆虫，进化程度处于从独居到营社会性昆虫的中间阶段，是许多植物，特别是豆科、茄科植物的重要授粉昆虫。全球目前已知约有250种熊蜂，五大洲均有分布，广泛分布于寒带及温带，特别是高纬度较寒冷的地区种类丰富，向北可分布到北极圈附近，加拿大的埃尔斯米尔岛及前苏联西伯利亚地区都有分布。热带地区分布较少。

据有关资料记载，我国已知有熊蜂110种，分布于全国各地，但北方比南方种类丰富；山地和高原熊蜂种类分布也比较丰富。平原地带受人类活动影响较大，熊蜂分布很少或没有分布。最近几年的研究结果表明，红光熊蜂 *B. ignitus*、明亮熊蜂 *B. lucorum*、小峰熊蜂 *B. hypocrita*、火红熊蜂 *B. pyrosoma* 和密林熊蜂 *B. patagiatus* 等种类，群势强大，易于人工饲养，具有重要的授粉利用价值。

第一节 熊蜂的生物学特性

一、熊蜂的外部形态特点

熊蜂身体粗壮，中型至大型，有黄色、白色、黑色和红色等各色相间的长而整齐的毛。头部的下方为口器，其上有吻和特别发达的上颚。熊蜂的吻是用于从植物上采集花蜜和花粉的重要器官。不同种类的熊蜂，吻的长度也是不一样的。其中长颊熊蜂吻的长度可达18～19毫米，比蜜蜂的吻要长3倍。但也有一些种类的吻很短，比如卵腹熊蜂的吻的长度只有 7～10 毫米。吻长的熊蜂种类往往喜欢采集深花管的植物，这样它们不必咬破花冠就能采集到花蜜，而这些深花管的植物也正需要长吻类熊蜂来帮助它们进行授粉。熊蜂的上颚很尖利，不仅能咬破花管吸取某些植物的花蜜，还能啃动坚硬的土壤来清理巢房和营造巢室。熊蜂有三对足，可以用来从全身的绒毛上收集花粉粒，并且把这些花粉粒收集到后足的花粉筐内。熊蜂的 2 对翅膀除飞翔外，还可通过扇风来调节巢内的温度和湿度。与蜜蜂相似，它们的腹内也有贮蜜囊，采集到的花蜜可以先吸入蜜囊带回巢内。在它们腹部的末端具有毒腺和尾针，也能蜇人，是攻击的主要武器。但尾针无倒钩结构，因此蜇刺后能将尾针拔出，可以进行连续的蜇刺，而自己却不会伤亡。颚眼距长；单眼几乎呈直线排列。胸部密生绒毛；前翅具 3 个亚缘室，第一室被 1 条伪脉斜割，翅痣小。雌性后足跗节宽，表面光滑，端部周围长有长毛，形成花粉筐；后足基胫节宽扁，内表面有整齐排列的毛刷。腹部宽圆，长有整齐而长的毛；雄性外生殖器强几丁质化，生殖节及生殖刺突均呈暗褐色。雌性蜂腹部第四与第五腹板之间有蜡腺，其分泌的蜡是熊蜂筑巢的重要材料。

二、熊蜂的筑巢习性

熊蜂一般在土表的鸟巢、干草下或泥土缝隙中筑巢，也有些种类在土中，诸如鼠洞、蛇洞、土穴处等筑巢，其深度不一，巢体零乱。熊蜂将巢穴建在比较干燥、能防雨的地方。熊蜂巢用以产卵、哺育幼虫和贮存蜂蜜与花粉。巢室由熊蜂腹部腹板蜡腺分泌的蜡制成，呈罐状，熊蜂蜂巢的大小因蜂种不同而差异较大，排列不整齐。一个巢内有十几至几十个，甚至上百个巢室粘在一起，有的熊蜂蜂巢直径约 80 毫米，有的可达 230 毫米。蜂巢的形状取决于巢穴的内部形状。有的熊蜂种，如火红熊蜂等，其育子方式是多个卵虫在同一个巢室内培育，所以巢室的大小随着幼虫的成长由蜂王或工蜂逐渐扩大。当巢室内的幼虫充分发育、吐丝做茧时，同一巢室的熊蜂虫蛹借助茧衣形成的小巢室而相互隔离开来。但另有一些熊蜂种，如小峰熊蜂和密林熊蜂等，其幼虫不久就由薄膜构成的小巢室相互隔开，幼虫之间没有什么联系。

熊蜂一般在第一批卵产下后，开始筑造第一个蜜室。第一个蜜室通常用蜂蜡建造在巢门内侧。筑造时，先筑造蜜室的基础，然后筑造室壁。一般建造一个蜜室需1～2天。筑好的蜜室高约20毫米，直径约13毫米。在室内饲养时，有的先造蜜室然后产卵。熊蜂在筑造巢室时，也会像蜜蜂那样利用蜂蜡，会将那些内部幼虫已结茧化蛹巢室顶部的蜡取下，用于其他巢室的建造。而被取下蜡的巢室，茧衣露出，有利于新蜂出房。

从培育第二批熊蜂开始，巢室的筑造与培育第一批熊蜂的不同，一般是在前一批幼虫结茧化蛹、巢室的蜡被咬除后，在前一批熊蜂茧的上部边侧筑造下一批培育熊蜂的巢室。而前一批熊蜂出房后留下的小巢室则用于贮存蜂蜜或花粉。熊蜂将其上口边缘整平，并在需要时用蜂蜡加高以增加容积。用于作蜜室贮存蜂蜜的，当蜂蜜装满时熊蜂就用蜂蜡将其封盖。熊蜂巢的粉室筑造因蜂种不同而异。贮粉型熊蜂利用蜂巢中央的熊蜂出房后留下的小巢室贮存花粉，并用蜂蜡将小巢室加高；造蜡囊型熊蜂则在育虫巢的边上，用蜂蜡筑造蜡囊贮存花粉，当育虫巢团向外扩展时，这种贮有花粉的蜡囊便被改造成为巢室，用于培育蜂子，熊蜂幼虫可以直接食用其中贮存的花粉。

三、熊蜂的蜂群组成

熊蜂的蜂群组成与蜜蜂相似，其进化程度比蜜蜂低，是社会性昆虫，但群体内个体数量少，每群由1只蜂王、若干只雄蜂及数十只至数百只工蜂组成。

(一)熊蜂蜂王

由受精卵孵化后,幼虫食用足量的营养物质发育而成,是蜂群中唯一生殖器官发育完全的雌性蜂。蜂王具有孤雌生殖能力,根据蜂群的群势和环境条件来决定产受精卵或未受精卵,产下的未受精卵发育成雄蜂,产下的受精卵发育成工蜂或蜂王。蜂王个体比工蜂和雄蜂大。在不同蜂种间,蜂王大小差异较大。最大的蜂王体长 20～22 毫米,大部分为 18～20 毫米,较小的蜂王体长15～17 毫米。熊蜂蜂王通过冬眠越冬。

熊蜂春季苏醒的时间,因蜂种和气候不同而差异较大。在我国华北地区,熊蜂于 4 月上旬苏醒,有些品种则在 5 月上旬苏醒。已交配的蜂王在春季蛰居醒来后,就开始野外采食、筑巢、产卵和育虫,但当第一批工蜂出房后,巢内外的工作均由工蜂承担,蜂王一般不外出采集,而专职产卵,有时协助工蜂哺育幼虫和做些巢内工作。至夏末,蜂群发展到最大群势,巢内又有大量粉蜜贮存时,蜂群便开始培育新蜂王和雄蜂。蜂群开始培育雄蜂和蜂王,是该蜂群开始衰败的征兆。

一些种类的新蜂王,通常在雄蜂羽化 7 天后出房,出房 5 天后性成熟,开始婚飞。处女蜂王的婚飞半径约 300 米。新蜂王交配后,食用大量蜂蜜和花粉,为冬眠积累脂肪,然后离开原群找一个合适的场所冬眠。一般新蜂王积累脂肪,使得体重达到一定标准时才能安全越冬。

野生状态下的熊蜂,蜂王交配均在野外进行。据观察,在人工提供的交配笼内,蜂王与雄蜂都能进行多次交配,一般蜂王经一次交配即可满足终身产卵所用精子的需要。蜂王交配后获得的精子,贮存在体内生殖器上的贮精囊中供以后繁殖用,以后不再进行交配。自然越冬蜂王的产卵率高,而人工繁育蜂王的产卵率相对要低一些。蜂王的寿命一般为 1 年,蜂王具有螫针。

(二)熊蜂工蜂

由受精卵发育而成,是生殖器官发育不完全的雌性蜂。工蜂个体最小,不同蜂种的工蜂间个体大小差异较大。明亮熊蜂工蜂体长11~17毫米,长颊熊蜂工蜂体长10~14毫米。工蜂从卵到羽化出房的发育期,不同蜂种有较大差别,一般历时21~28天。工蜂刚羽化时,其体毛呈银灰色,翅皱折且较软。羽化1~2小时后,体毛颜色变得与采集蜂一样,24小时后翅膀完全展开且变硬。工蜂的职能是担负蜂群中包括泌蜡筑巢、饲喂幼虫、采集食物、清理巢房和守卫等各项工作。工蜂是熊蜂蜂群中的主要成员,是授粉主力军。

熊蜂工蜂开始采集活动的日龄和采集的次数,完全取决于其个体的大小。一般情况下,个体大的工蜂开始从事采集活动比个体较小的工蜂要早,而且个体大的工蜂出巢采集的次数也比个体较小的多。因此,外出采集蜂的个体,都大于巢内的工作蜂。较小个体的熊蜂工蜂便于在巢内窄小的通道穿行,因此多从事巢内工作;个体大的工蜂采集时吸蜜较快,且体能好,能携带较多的花蜜和花粉,一般从事采集工作。但是,熊蜂工蜂的分工也不是一成不变的,必要时采集蜂也可以从事巢内工作,内勤蜂也可以从事采集工作。

工蜂是雌性器官发育不完全的雌性个体,但当熊蜂群发展到后期,群内工蜂大量增加,食物丰富,气温较高,刺激一些工蜂卵巢发育,产未受精卵培育雄蜂。当群内出现工蜂产卵时,蜂群的协作失调,采集力下降,蜂群进入衰败期。

工蜂具有螫针,但螫针上无倒钩。熊蜂较温驯,一般不会主动攻击人或动物。但如果其巢穴遭到侵扰,则工蜂会群起袭击入侵者而保护家园。工蜂的寿命为2个多月。

(三)熊蜂雄蜂

由未受精卵发育而成。在新蜂王未产生之前,雄蜂已在蜂群中繁育,其职能是与新蜂王交配。雄蜂个体比工蜂大,但比蜂王小。因蜂种不同,其大小差异较大,明亮熊蜂雄蜂体长 13～16 毫米。至夏末,蜂群发展到较大群势,巢内又有大量粉蜜贮存时,蜂群便开始培育新蜂王和雄蜂,进行繁殖。雄蜂出房后,食用巢内贮存的蜂蜜,2～4 天后离巢自行谋生,一般夜里或白天因下雨而寄宿于植物花的背面。雄蜂通常与其他蜂群的新蜂王交配。交配后的雄蜂不像蜜蜂的雄蜂那样立即死去。雄蜂的寿命约为 30 天左右。雄蜂无螫针,头尾近圆形,与蜂王和工蜂易于区别。另外,一些熊蜂品种的雄蜂、工蜂和蜂王的体色有明显的差异。

四、熊蜂的群势

熊蜂群势因蜂种不同而差异较大,群势大小从几十只至数百只不等。群势较大的熊蜂其授粉利用价值就大。密林熊蜂和明亮熊蜂较易驯养,群势最大时可达 400～500 只工蜂,其授粉能力强,被广泛应用于温室番茄授粉。而长颊熊蜂,其群势最大时只有 10 只工蜂左右。同蜂种,即使在同年份,由于蜂王的产卵力、当地的气候、蜜粉源等条件不同,其所能达到的群势也有很大差异。

一般情况下,熊蜂群势达 40～60 只以上时,就可用于温室作物授粉,群势达到数百只时即达到熊蜂群发展高峰,其后群势就开始下降,直至群势下降至无授粉价值,乃至蜂群消亡。通常一个熊蜂的授粉蜂群,在温室内授粉的周期可达 2 个月左右。

五、熊蜂的生活史

熊蜂以交配成功并未产卵的蜂王休眠越冬。当春季气温升高时,冬眠的蜂王开始苏醒。这时蜂王体质纤弱,卵巢很小,卵巢发育不完全或者还没有发育。经过数天的营养补充和飞翔锻炼，蜂王的体质强壮，卵巢发育完全，具备了产卵的能力。其后，蜂王在树篱、河岸或者荒芜的地表低飞，寻找合适的筑巢地点。巢址选择好后，蜂王开始利用材料筑造直径为 20～30 毫米的巢窝。巢窝筑好后，蜂王开始正常采集食物，常常将花蜜带回巢中，吐在巢窝的纤维上，以供天气不好时食用。随着天气转暖，自然界植物开花，蜂王开始大量采集花蜜和花粉，同时开始泌蜡筑造第一个巢室，并将采集的花粉装入巢室内，然后在巢室的花粉上产卵。少数熊蜂，如红光和明亮熊蜂等，开始时将采集的花粉制成直径为 6～10 毫米的花粉团，然后在花粉团的小穴上产卵，有的熊蜂在花粉团表面上产卵。其后，用分泌的蜡包在花粉团和卵外面，形成巢室。以后产卵均产在准备好的巢室内。通常，蜂王第一批产卵的数量因蜂种不同而异，一般可产 4～16 粒卵。卵孵化和幼虫发育的适宜温度为 27℃～32℃。蜂王在哺育第一批工蜂孵卵时，就像母鸡抱窝孵蛋一样，爬在巢室上面，并通过快速振动胸部和腹部产热，使卵在 30℃～32℃下孵化，幼虫在 30℃～32℃下发育成长。孵卵期间，蜂王取食积蓄的饲食料，很少出巢采集。如果出巢采集，则每次出巢一般不超过 2 小时。熊蜂卵经 4～6 天孵化成幼虫，并以花粉和蜂王反刍吐在巢室中的食物为食，从中获得生长必需的脂肪、蛋白质、维生素和矿物质。随着幼虫成长，对食物的需要量增多。在这段时间，蜂王经常出巢采集。熊蜂的幼虫期为 10～19 天，幼虫成长过程中要进行几次蜕皮，最后一次蜕皮并饱食后，吐丝做茧，进入蛹期。蛹期为 10～18 天。熊蜂工蜂的发育期，除了因蜂种不同而有差异外，发育期间的温度和食物的量与质量，对发育期长短具有较大的影响。因此，在温度、食物营养均优越的条件下，熊蜂工蜂从卵到成虫的发育期约需 21 天多，而在温度低、营养不佳的条件下，则需要 30 天左右。熊蜂工蜂个体的大小，取决于其幼虫阶段获得食料的量和营养价值的高低。由于早春外界食料来源短缺，且只有1只蜂王哺育，所以第一批成蜂通常个体都较小。

大多数种类的熊蜂，如贮粉型熊蜂，蜂王培育第一批蜂子时，通常将卵产于花粉团上，但从培育第二批蜂子开始，就直接将卵产于巢室底部。幼虫孵化后，由工蜂饲以花蜜和花粉的混合物。只有少数种类的熊蜂，如造蜡囊型熊蜂，仍然先在巢室内准备好充分的花粉，然后将卵产在花粉团上，幼虫孵化后食用巢室内的花粉和工蜂喂饲的花蜜。几天后，第二批产下的熊蜂卵孵化，几乎与之同时，第一批熊蜂成蜂羽化出房。此时出房的熊蜂立即投入到筑造第二批巢室和培育第二批幼虫的工作中。一般情况下，第一批卵发育的成蜂都是工蜂。第一批工蜂成熟出房后，参与巢房的建设，使得蜂巢快速加大，它们代替蜂王泌蜡筑巢，采集花蜜和花粉，哺育幼虫。当有足够的工蜂出房时，蜂王便停止出巢采集，专心产卵，整个巢房无规则地向上和向四周扩展。随着蜂群的壮大，蜂王的产卵率也逐渐提高。但在蜂群壮大过程中，培育蜂子的数量与现有熊蜂的虫口数成一定比例地增加，蜂群的哺育能力与所培育的蜂子数量间，始终保持平衡。

当熊蜂群达到最大群势时，会产生有性个体蜂王和雄蜂。在一般情况下，蜂王第三批产卵时，熊蜂的群势已达到高峰，此时蜂王开始产未受精卵培育雄蜂。同时，群内出现王台，开始培育新蜂王。雄蜂出房后，食用巢内贮存的蜂蜜，2～4天后离巢自行谋生和寻找处女蜂王交配。新蜂王通常在雄蜂羽化7天后出房，出房5天后性成熟，进行婚飞。熊蜂的交配行为因蜂种不同而异。有的蜂种，雄蜂爬在巢门口等待处女蜂王飞出；有的蜂种，雄蜂按一定方式环绕蜂巢飞行后，急降到草丛或者树枝上，留下标记气味，处女王根据气味找到雄蜂交配；有的蜂种，雄蜂按确定的路线盘旋飞行，以吸引处女蜂王。野生状态熊蜂蜂王的交配都在野外进行，人工饲养熊蜂的蜂王在交配笼内交配。交配后的新蜂王仍迷恋母群，经常回到原群取食花蜜和花粉，待体内的脂肪体积累充分时，便离开母群另找地方冬眠。在地下越冬的熊蜂，一般在地面以下60～150毫米、直径约30毫米的洞穴中冬眠。随着天气的变冷，老蜂王和其他的蜂也逐渐地解体消亡。

六、熊蜂的采集习性

(一)熊蜂的个体特化

熊蜂虽然属于社会性昆虫，但不像蜜蜂群体那样庞大，而且也没有蜜蜂那样强的通讯能力。当熊蜂发现一个蜜源地后，并没有能力召唤同伴一起去采食，也不能靠群体协调一致的行动，来对付其他蜜蜂和劫掠别人的蜂巢，更不能像无刺蜂那样占有和保卫一个取食领域。因此，在任何一个熊蜂社会中，通常都是不同的个体去采访不同植物的花，这样一个蜂群就能依靠个体特化提高采食效率和做到广采博收，因为它发挥了每一个个体的采食专长。这种个体特化是一种成功的采食对策，特别是对那些结构比较复杂的花来说，因为从形态各异的花朵中采食花粉和花蜜，必须具备多样的采食技巧，并能完成一些特殊的动作。例如，为了采集一种茄属植物的花粉，熊蜂必须先用上颚抓紧花朵，然后靠胸肌的收缩使花朵震颤，并把花粉从管状花药上震落到自己身体腹部的腹面，然后再从那里把花粉送到花粉筐中去；在采集野玫瑰花粉时，熊蜂先在浅杯状的花朵中抓住一组花药，将花粉抖落，然后再去摇动另一组花药，最后才把花粉从自己体毛上收集起来；为了采集乌头属植物的花蜜，熊蜂必须越过花药，钻到花朵的前部，然后从由花蜜容器演变而成的两片变态花瓣的顶部吸食花蜜。尽管熊蜂比蜜蜂出勤早，收工晚，而且飞行速度也比蜜蜂快得多，能够达到每小时60千米，但它们蜂巢中所贮存的食物一般也只够几天食用。它们把采集的食物很快就转喂给了幼蜂。

(二)熊蜂的采集特点

熊蜂作为授粉昆虫,主要为温室果树和蔬菜作物授粉。熊蜂具有以下的特点:

1. 可以周年繁育　经过科研人员研究,熊蜂繁育可以在人工控制条件下完成,在任何季节都可以根据温室果菜授粉的需要,繁育熊蜂授粉群,从而满足冬季温室果菜授粉的需要。

2. 有较长的吻　蜜蜂的吻长为 5～7 毫米,而熊蜂的吻长为 9～17 毫米,可以采集一些深冠管花朵的植物,如番茄、辣椒、茄子等,用熊蜂授粉增产效果更加显著。

3. 采集力强　熊蜂个体大,寿命长,浑身绒毛,飞行距离在 5 千米以上,最远可以飞行 13 千米,对蜜粉源的利用比其他蜂更高效。一次飞行可以采集 5 000 朵花。

4. 耐低温和低光照　在蜜蜂不出巢的阴冷天气,熊蜂照常可以出巢采集授粉。

5. 趋光性差　在温室内,熊蜂不会像蜜蜂那样在初次飞行时冲撞玻璃和塑料膜而导致死亡,而是很温顺地在花上采集授粉。

6. 耐湿性强　在湿度较大的温室内,熊蜂比较适应。

7. 信息交流系统不发达　熊蜂的进化程度低,对于新发现的蜜源不能像蜜蜂那样相互传递信息。也就是说,熊蜂能专心地在温室内采集授粉,而不像蜜蜂那样从通气孔飞到温室外的其他蜜源上去。

8. 声震大　一些植物的花,只有被昆虫的嗡嗡声震动时,才能释放花粉,这就使得熊蜂成为这些声震授粉作物,如茄子、番茄等的理想授粉者。

9. 采集专一　熊蜂在自然界采集花蜜时,虽然有很多植物开花,但熊蜂采完一种花蜜后,接下来还寻找同样的花,不会见什么花采什么花蜜,这种行为为保证授粉创造了条件。

第二节　熊蜂的资源及品种

据有关资料报道，到目前为止，全球已知有熊蜂约 250 种，我国已知有熊蜂 110 种。这一节将我国熊蜂资源情况加以介绍，各地可根据实际需要，选择适合的品种开发利用。

一、熊蜂资源

近年来，中国农业科学院蜜蜂研究所、四川大学、山西省农业科学院园艺研究所和吉林省蜜蜂研究所等单位，对我国江浙、西南、华北和东北地区的熊蜂资源，都进行了系统的调查，结果如下：

（一）江浙地区的熊蜂资源

调查发现，浙江省天目山地区的熊蜂种类有 10 种，分别是红光熊蜂、牯岭熊蜂、黑足熊蜂、萃熊蜂、短头熊蜂、三条熊蜂、重黄熊蜂、黄熊蜂、疏熊蜂和拟熊蜂。

（二）西南地区的熊蜂资源

中国科学院昆明昆虫研究所，对澜沧江流域内热带地区的勐腊县、亚热带地区的南涧县和寒温带地区的德钦县三个低、中、高海拔（314～2 060 米），经纬度在北纬 21°～28°、东经 98°～101.9°地带熊蜂的多样性现状，进行了调查研究，发现共有 25 个熊蜂品种能给木本、藤本和草本植物中的 38 个目、140 多个科、近 370 个属的 1 000 多种植物传粉，熊蜂在保持该流域的生态系统平衡和为流域人民的农林业生产等多方面，做出了重大贡献。将近年采集、调查到的熊蜂属物种和数量进行分类和标本整理，发现有萃熊蜂 *B. eximius*、小雅熊蜂 *B. lepidus*、短头熊蜂 *B. breviceps*、中华熊蜂 *B. channicus*、齐熊蜂 *B. dentatus*、颊熊蜂 *B. genalis*、邻熊蜂

B. dentatus vicinus、灰熊蜂 *B. grahami*、高值熊蜂 *B. pretiosus*、察雅丽熊蜂 *B. chayaensis*、高山熊蜂 *B. montivolans*、红光熊蜂 *B. ingnitus*、明亮熊蜂 *B. lucorum*、凸污熊蜂 *B. convexus*、桔背熊蜂 *B. atrocictus*、白背熊蜂 *B. festivces*、护巢熊蜂 *B. hypnorum*、奇异熊蜂 *B. mirus*、鸣熊蜂 *B. sonani*、滇熊蜂 *B. yunnanicola*、瑞熊蜂 *B. richardsi*、拟短头熊蜂 *B. quasibrviceps*、宁波熊蜂 *B. ningpoensis*、云南熊蜂 *B. yunnanensis* 和红源熊蜂 *B. rufocognitus* 等 25 个品种。

(三)东北地区的熊蜂资源

吉林农业大学农业现代化研究所阮长春等人，对位于我国东北地区中部，地处北温带，东经 121°38′～131°19′，北纬 40°52′～46°18′，属中温带大陆性季风气候的吉林省长春、吉林、延边、通化、四平和白山地区，系统调查了野生熊蜂的种类，共采集到熊蜂 12 种，其中已鉴定 10 种。调查结果表明：在吉林省范围内，野生熊蜂种类在不同地区分布有差异，分布的品种有红光熊蜂 *B. ignitus*，牧场熊蜂 *B. pascuorum*，密林熊蜂 *B. patagiatus*，昆仑熊蜂 *B. keriensis*，小峰熊蜂 *B. hypocrite*，富丽熊蜂 *B. opulentus*，乌苏里熊蜂 *B. ussurensis*、*B. pseudobaicalensis*，朝鲜熊蜂 *B. koreanus* 和明亮熊蜂 *B. lucorum*，未鉴定熊蜂有两种。

(四)华北地区的熊蜂资源

中国农业科学院蜜蜂研究所和山西省农业科学院园艺研究所，对山西省、河北省、北京市、天津市和内蒙古自治区的熊蜂资源，进行了系统详细的调查研究。发现在华北地区分布的熊蜂品种 39 种，分别是小峰熊蜂 *B. hypocrita*，红光熊蜂 *B. ingnitus*，明亮熊蜂 *B. lucorum*，密林熊蜂 *B. patagiatus*，散熊蜂 *B. sporadicus*，关熊蜂 *B. consobrinus*，柯氏熊蜂 *B. czerskii*，朝鲜

熊蜂 *B. koreanus*，长足熊蜂 *B. longipes*，普氏熊蜂 *B. przewalskiellus*，乌苏里熊蜂 *B. ussurensis*，火红熊蜂 *B. pyrosoma*，斯熊蜂 *B. sichelii*，黄熊蜂 *B. flavescens*，眠熊蜂 *B. hypnorum*，谦熊蜂 *B. modestus*，重黄熊蜂 *B. picipes*，地拟熊蜂 *B. barbutellus*，忠拟熊蜂 *B. bellardii*，牛拟熊蜂 *B. bohemicus*，田野拟熊蜂 *B. campestris*，科尔拟熊蜂 *B. coreanus*，角拟熊蜂 *B. cornutus*，石拟熊蜂 *B. rupestris*，寓林拟熊蜂 *B. sylvestris*，西伯熊蜂 *B. sibiricus*、*B. amurensis*，黑尾熊蜂 *B. melanurus*，德熊蜂 *B. deuteronymus*，盗熊蜂 *B. filchnerae*，锈红熊蜂 *B. hedini*，低熊蜂 *B. humilis*，拉熊蜂 *B. laesus*，藓状熊蜂 *B. muscorum*，富丽熊蜂 *B. opulentus*，牧场熊蜂 *B. pascuorum*，疏熊蜂 *B. remotus*，斯氏熊蜂 *B. schrencki* 和角熊蜂 *B. tricornis*。

二、可开发利用的熊蜂品种

我国的熊蜂资源虽然非常丰富，然而不是所有的熊蜂种类都适合于商业化繁殖和用于作物授粉。目前，被人们认为有开发利用价值的熊蜂品种，有红光、明亮、密林和火红等，下面详细介绍红光、明亮和小峰熊蜂品种的特征，以便更好地开发利用。

（一）红光熊蜂

红光熊蜂，在国内分布较广，而且可以在人工巢箱中繁育，成群率高，授粉性能好，是我国熊蜂资源中适合人工繁育并具有授粉价值的蜂种之一。

1. 形态特征 蜂王身体呈黑色，腹部端部 3 节背面毛呈褐黄色，体长 20.2～24.6 毫米，胸宽 11.3～14.1 毫米，翅展 40.4～48.1 毫米，头宽 5.2～6.2 毫米；工蜂与蜂王相似，但个体较小，由于营养的问题，工蜂个体大小有很大的差异，一般第一批出房的熊蜂工蜂个体比较小，在饲养中发现，体大的工蜂可以是体小工蜂的

2倍以上；雄蜂体色呈黄色，在胸部和腹部有黑带，末端体色同工蜂，蜂体大小与工蜂相似或更大。

2. 生活习性　在室内人工饲养条件下，蜂体健康且已受精的越冬蜂王，一般在2周内产卵；在开始饲养后1个月左右出现工蜂，2个月左右成群，开始产生雄蜂，雄蜂出现后7天左右产生蜂王。在采集并饲养的蜂王中，平均78.79%的蜂王建立了蜂群，每群平均有蜂300只左右，其中工蜂190头，雄蜂90头，蜂王20头。三型蜂中，雄蜂出现的早晚往往与蜂群大小有关，小群势的蜂群雄蜂出现较早，雄蜂晚出现的通常群势较大。蜂群中三型蜂是一个动态的组成，蜂群大小各异。小群可能只有一批工蜂，然后就出现雄蜂和新的蜂王，或没有蜂王产生；在熊蜂中红光熊蜂的群体大小中等。在一个发育良好的群体中，存在明显的规律。熊蜂工蜂可以产卵，但蜂王一般是不允许工蜂产卵繁育后代的，可是这种影响随着时间的推移而渐渐变小。正常情况下，工蜂不能成功产卵繁育后代。如果工蜂产卵，蜂王会破坏它，甚至吃掉工蜂卵。如果蜂王死了，或者没有能力控制，一些工蜂会产下未受精卵，发育成雄蜂。同样，也观察到老工蜂破坏蜂王所产卵的现象，也观察到工蜂吃巢内卵的现象。蜂群寿命依赖蜂王寿命和巢内蜂粮，室内条件下，一般在68.48～108.92天，长的可以持续6个月以上；但在田间则明显缩短。

（二）明亮熊蜂

1. 形态特征

(1)蜂　王　蜂王是由受精卵发育而成的、生殖器官发育完全的雌性蜂。其体表密布绒毛，头部、中胸背板、小盾片、腹部第一、三、四节背板及腿部为黑色，胸部灰白色，腹部第二节背板金黄色，腹部末端土黄色。体长19～22毫米，喙长9.6～10.4毫米，复眼1对，单眼3只，触角12节，腹部6节。后足有花粉筐；腹部末端有螫针，螫针上无倒刺。

(2)工　蜂　工蜂由受精卵发育而成，是生殖器官发育不完全的雌性蜂。体长12～17毫米，喙长6.9～8.7毫米。除了体型较小外，其他形态特征和蜂王完全一致。

(3)雄　蜂　雄蜂由未受精卵发育而成，是生殖器官发育完全的雄性蜂。体表密布绒毛，头部、中胸背板、小盾片、腹部第三、四节背板及腿部为黑色，胸部及腹部第二节背板呈黄色，腹部第一节背板浅黄色，腹部末端褐色。体长14～16毫米，喙长7.1～7.9毫米，触角13节，腹部7节。后腿没有花粉筐，腹末也没有螫针。

(4)卵　卵白色，细长，两端钝圆，长约3.1毫米，直径约1.1毫米。先产出的一端较粗，后产出的一端较细，表面光滑。

(5)幼　虫　幼虫体色呈乳白色，无足，头部较小，初期幼虫呈新月形，后期呈"C"形至环形，躯体由13个横环纹组成的环节构成。虫体被球形蜡质巢房外壳包裹，外壳上有一小孔，幼虫通过这个小孔接受蜂王或工蜂的饲喂。

(6)蛹　蛹初期乳白色，后逐渐加深，变为灰黑色，蛹体被卵圆形的蜡质外壳包裹，俗称"茧房"。

2. 生物学特性

(1)年生活史　在温带地区1年发生1代，以蜂王休眠方式越冬。在北京地区，4月中旬蜂王出蛰，飞往花上取食花蜜和花粉。2周以后，蜂王开始筑巢产卵。5月下旬，第一批工蜂羽化出房，7月上旬工蜂数量达到最大值，约150只左右。7月中旬，雄蜂开始羽化出房。7月下旬，新蜂王开始羽化出房，8～9月份新蜂王和雄蜂交配。交配后2周左右，新蜂王离开蜂群，白天大量取食，以积累体内的脂肪，晚上在草丛或树叶下面过夜。9月中下旬，天气逐渐变冷，原群雄蜂和工蜂自然解体消亡。10月上旬左右，交配后的新蜂王开始在地下休眠越冬。

(2)生活习性　明亮熊蜂分布于北京、河北、山西和内蒙古等地，在海拔 800～1 200 米之间的小溪边、山坡草地和森林边缘地带较多。在山西地区，4 月中旬当低温高于 5℃时，蜂王出蛰。此时，蜂王的营养消耗较多，卵巢管又细又小。之后 14 天左右的时间，蜂王在山桃、山杏和山柳等早春花上取食花蜜和花粉。当卵巢发育完全、形成卵粒时，就开始寻找适宜的地方筑巢。通常会离开原先越冬的巢穴，重新选择在地洞、石缝或者小哺乳动物废弃的巢穴内筑巢。首先，蜂王在洞穴内干草等杂物上泌蜡，形成一个蜡床，接着将花粉平铺在蜡床上，继而便在花粉上产第一批卵，通常为 5～8 粒。然后立即用蜂蜡把卵粒包裹起来，形成一个卵包；同时，在卵包的附近，再建造一个蜡杯，用来贮藏花蜜。不外出采集的时候，蜂王便趴在卵包上用腹部的温度来孵化卵，卵期为 3～5 天。卵孵化成幼虫以后，幼龄幼虫直接在蜡床上取食花粉。此时，幼虫仍被包裹在蜡包内。随着幼虫的发育，蜡包开始逐渐分隔，形成一个蜡包内一条幼虫。独立的幼虫蜡包上开有一个小孔，蜂王通过这个小孔饲喂幼虫，幼虫期为 10～14 天。之后幼虫化蛹，蜡包上的小孔消失，形成一个密闭直立的卵圆形蜡包。此时的蜡包，表面光滑，颜色鲜艳，俗称“茧房”，蛹期为 8～12 天。在第一批工蜂出房以前，蜂王既要产卵育虫，又要采集花蜜和花粉。所以，第一批卵虫蛹的发育历期，受环境温度的影响很大。第一批工蜂出房以后，很快参与巢内各项工作，帮助蜂王泌蜡、筑巢、采集和哺育幼虫；一般在第二批工蜂出房以后，蜂王不再出巢采集，专职产卵。随着蜂群的壮大，工蜂越来越多。此时，它们也像蜜蜂一样有了分工，有采集蜂、哺育蜂和守卫蜂。7 月上旬，工蜂数量达到最大值，约 150 只左右。此时，蜂王开始产未受精卵，个别老龄工蜂的卵巢也开始发育，和蜂王竞争产未受精卵。未受精卵发育为雄蜂，同时一些较大的工蜂幼虫被培育成蜂王。雄蜂和蜂王在性成熟后进行婚飞交配。雄蜂的性成熟期为 11～12 天，蜂王的性成熟期为 8～9 天。在婚飞过程中，雄蜂紧追蜂王绕圆形飞行，大多数的蜂王飞行一段时间后，落在树梢或者花朵上，雄蜂趴在蜂王身上，用抱握器紧扣蜂王腹部，将阳茎插入蜂王阴道，然后身体后翻，并有规律性地颤动。室内观察，最短交配时间为 11 分钟，最长达 118 分钟，平均为 35 分钟。另外，笔者也观察到一些蜂王，在飞行过程中就成功交配。和蜜蜂雄蜂不同，熊蜂雄蜂交配后不会立即死去，因为它可以拔出阳茎，而且雄蜂和蜂王都有多次交配的现象。雄蜂交配后不再回巢，白天在野外取食花蜜和花粉，夜晚常在树叶下面过夜。蜂王在交配后 2 周左右也离开母群，独自在外面取食和过夜。一群蜂平均培育雄蜂 180 只左右，蜂王 40 只左右。

(3)休眠越冬 9 月中下旬，天气逐渐变冷，蜂群中雄蜂和工蜂自然解体消亡。而交配后的新蜂王脂肪体发育完善，营养积累充分，准备越冬。此时，可以观察到又肥又大的蜂王贴着地面慢速飞行，寻找适宜的越冬场所。蜂王通常选择在阴坡树根下的小洞内越冬。10 月上旬，当温度降至 0℃以下时，蜂王进入休眠状态，在洞穴内度过严寒的冬季。

(三)小峰熊蜂

小峰熊蜂属于膜翅目蜜蜂科熊蜂属，是我国重要的传粉昆虫之一，也是重要的环境标示性昆虫之一。在世界熊蜂地理区划上，小峰熊蜂主要分布在中国、俄罗斯和日本。小峰熊蜂在我国黑龙江、吉林、辽宁、内蒙古、河北、北京、山西、陕西、甘肃、新疆、四川和西藏等地均有分布，也是华北地区的优势熊蜂种类。

1. 形态特征

(1)蜂　王 是由受精卵发育而成、生殖器官发育完全的雌性蜂。体被短而致密的绒毛，边缘混有稀疏的黑色长毛，头顶被少量浅棕色或棕色长毛；前胸背板，小盾片、侧胸、腹部第一、三、四节背板及虫体腹面被黑色毛，胸径灰白色至黑色，腹部第二节背板被黄色毛，腹部第五、六节被稀疏的浅褐色长毛；足除基节、转节和腿节下缘被一些棕色或褐色长毛外，均被黑色毛。触角 12 节，腹部 6 节。后足具花粉筐；腹端较尖，有螯针，螯针上无倒刺。

(2) 工　蜂　由受精卵发育而成的、生殖器官发育不完全的雌性蜂。其形态特征与蜂王一样。

(3) 雄　蜂　由未受精卵发育而成、生殖器官发育完全的雄性蜂。体色性别分化明显，体被长而稀疏的绒毛，头顶被少量浅棕色或灰色长毛；头部，中胸背板，小盾片，腹部第三、四节背板，被黑色毛，胸径及腹部第一节背板被浅黄色毛，腹部第二节背板被黄色毛，腹部末端被浅褐色毛。在深秋季节，小峰熊蜂的雄蜂，其体色通常会变得越来越浅。触角 13 节，腹部 7 节。后足无花粉筐；腹端较钝，没有螯针。

2. 采集习性　在华北地区，小峰熊蜂可利用的植物范围非常广，一般情况下，随着季节的不同而采访不同的植物。3～4 月份，休眠蜂王刚出蛰时，喜欢采访王八柳、山桃、山杏和榆叶梅等花粉多的早春开花植物。相比之下，这个时候更喜欢采访蔷薇科植物的花朵。5～6 月份，工蜂采访植物的范围较广，有豆科的毛洋槐、紫穗槐、紫苜蓿和草木樨等，蔷薇科的蛇梅等，十字花科的油菜等植物。这个时间段，更喜欢采集豆科植物。7～8 月份，采访植物的种类最多，主要有茄科的茄子等，菊科的向日葵、波斯菊、魁蓟和紫苞凤毛菊等，马鞭草科的荆条，柳叶菜科的柳兰，锦葵科的锦葵，毛莨科的金莲花，唇形科的糙苏，蔷薇科的龙芽草，玄参科的轮叶婆婆纳，豆科的胡枝子、草木樨、红豆草、歪头菜、蒙古岩黄芪、直立黄芪和其他一些未知种类。观察发现，在有茄子和向日葵同时开花的地方，熊蜂更喜欢采访茄子。这一时期，豆科植物开花较多，所以大部分熊蜂主要采访豆科植物的花朵。9～10 月份，主要采访一些晚秋的蜜源植物，主要有菊科的波斯菊和菊芋等，唇形科的华北香薷、细叶益母草和益母草等，旋花科的牵牛花等。

3. 活动规律　小峰熊蜂在华北地区 1 年繁殖 1 代，以蜂王休眠方式越冬。在华北地区的南部，如太行山脉南缘，每年 3 月中下旬，当低温高于 5℃时，处于休眠状态的蜂王开始出蛰；而在华北地区北部，如在燕山山脉和坝上高原，每年 4 月上中旬蜂王才开始出蛰。蜂王刚出蛰时，由于经过了一个漫长的冬季，体内营养消耗较多，卵巢管还没有发育。蜂王出蛰后便在山柳、山桃和山杏等一些早春花上，取食花蜜和花粉来补充营养。大约 2 个星期以后，蜂王卵巢发育完全，此时气候也变得暖和起来，而且比较稳定，蜂王便开始寻找一些小哺乳动物废弃的洞穴，在里面筑巢产卵繁殖。在太行山脉的南部，每年的 5 月上旬，第一批工蜂就会羽化出房，而在坝上高原地区，第一批工蜂通常在 5 月底才开始出房。随着时间的推移，越来越多的工蜂出房，蜂群变得越来越大。在第一批工蜂出房后 1 个半月左右，蜂群群势达到高峰期时，雄蜂和子代蜂王开始羽化出房。蜂王出房后 1 个星期左右开始交配，交配后的蜂王和雄蜂一般不再回巢，独自在外面取食和过夜。9 月上中旬，华北地区北部天气开始变冷，老蜂群的蜂王、工蜂和雄蜂开始慢慢解体消亡；在 9 月下旬至 10 月上旬，处于南部地区的蜂群也开始慢慢解体消亡。此时，交配后的子代蜂王脂肪发育完善，营养积累充分，准备越冬。这个季节，经常可以观察到又肥又大的蜂王贴着地面慢速飞行，寻找适宜的越冬场所。蜂王通常选择在阴坡树根下的小洞内越冬。10 月上旬，当低温降至 0℃以下时，蜂王进入休眠状态，在洞穴内度过严寒的冬季。

4. 繁殖与授粉利用特性 小峰熊蜂易于人工饲养。在人工控制条件下，蜂王产卵率一般在 90%以上，蜂群成群率在 60%以上，一群蜂中的工蜂数平均为 150 只左右，雄蜂数平均为 250 只左右，蜂王平均为 60 只左右。对于授粉用的蜂群，在群势达到 60 只以上工蜂时，就可提供给设施果菜授粉用。为设施茄果类、瓜果类授粉，每群蜂的有效授粉面积为 800 平方米左右；为设施草莓授粉，每群蜂的有效授粉面积为 500 平方米左右；为树龄 4 年以下的

设施桃、杏等果树授粉，每群蜂的有效授粉面积为300平方米左右；为树龄4～8年的设施桃、杏等果树授粉，每群蜂的有效授粉面积为200平方米左右。具体操作时，可根据树型大小和花朵多少来配置授粉蜂群。在温室环境良好、没有农药等影响的条件下，正常蜂群在温室内的授粉寿命为2个月左右。

第三节　熊蜂的人工繁育及管理

荷兰、以色列、比利时和土耳其等国，熊蜂繁育技术已经实现工厂化繁育，并且已经在国际市场出售。中国农业科学院蜜蜂研究所、北京农林科学院、山西农业科学院园艺研究所，熊蜂人工繁育也获得成功。但是，目前熊蜂人工繁育技术都属于保密状态，这里只是将繁育技术关键过程简要加以介绍，具体技术仍需要在实践过程中完善。

一、授粉熊蜂的繁育流程

熊蜂周年繁育的流程，如图14所示。

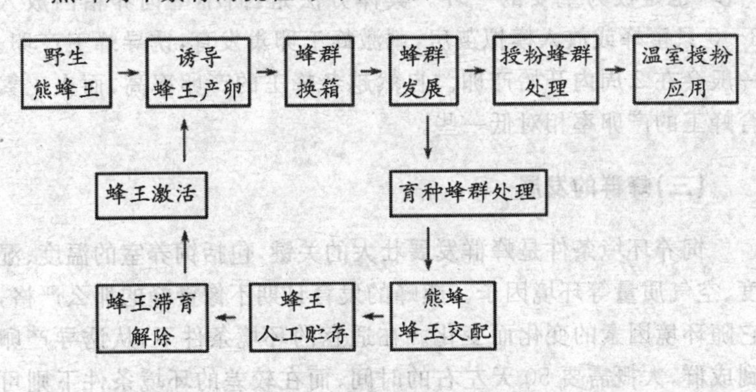

图14　熊蜂周年繁育流程

(一)熊蜂的采集

在早春的 4 月上旬至 5 月上旬携带捕虫网、诱捕盒及饲料,到山区附近杏树开花的地方,采集越冬复苏的蜂王。早春从野外抓捕越冬熊蜂王,首先根据熊蜂的早春活动特点及分布密度,确定捕捉蜂王的时间和地点。在北方地区,一般选择山桃和山杏开花的地点抓捕较好,一般在 4 月上旬和中旬。地点选择山脚下村庄较好。捕捉时选择易于饲养、成群较早、群势较大的蜂种,尽量选择初次采花的蜂王,这种蜂王成活率较高。捕捉到蜂王后,应及时放到饲养盒内送回饲养室进行饲养。将从野外抓捕越冬熊蜂王或者是人工繁育的蜂王放入小型饲养箱(15 厘米×10 厘米×8 厘米)内,喂以蜂蜜和花粉,送入饲养室内饲养,使温度控制在 27℃～30℃,空气相对湿度保持在 50%左右。

(二)诱导蜂王产卵

诱导野生越冬蜂王或人工繁育的蜂王产卵,是人工饲养的第一步,也是极为重要的一环。具体方法是:向小型饲养箱内放入 3～5 只蜜蜂或放入模拟茧房,刺激蜂王卵巢发育,诱导蜂王产卵。一般会在 2 周内开始产卵。自然越冬蜂王的产卵率高,而人工繁育蜂王的产卵率相对低一些。

(三)蜂群的发展

饲养环境条件是蜂群发展壮大的关键,包括饲养室的温度、湿度、空气质量等环境因子。熊蜂的发育日期不像蜜蜂的那么严格,它随环境因素的变化而变化。在适宜的环境条件下,从诱导产卵到成群,大概需要 50 天左右的时间,而在较差的环境条件下则可能需要 100 多天。所以,选择适宜的饲养环境,对熊蜂群的工厂化繁育极为重要。蜂群饲养前期发展较慢,从产第一批卵到第一批工蜂出房，大概需要 21 天左右的时间。后期繁殖速度加快，从第一批工蜂出房到成群(60 多只)只需 25 天左右。在第一批工蜂出房后，小饲养箱的空间就显得拥挤，不能满足蜂群发展的需要，这时应更换较大的蜂箱，规格为 30 厘米×21 厘米×17 厘米。当第二批工蜂出房以后，饲养蜂群的主要管理任务是满足饲料供应和蜂箱内环境卫生条件的控制。这时应适当降低室内温度，否则蜂群会提早进入衰败期。

随着蜂群的发展，工蜂越来越多，接下来应分两种方式管理：对用于温室植物授粉的蜂群，当工蜂数量达到 60 只左右时，将蜂箱转移至温度为 20℃的低温缓冲室，继续饲养 3～5 天，然后装入授粉专用箱。授粉专用蜂箱可选用进口纸板作材料，蜂箱的外部尺寸为 27 厘米×27 厘米×19 厘米，箱内分成 24 厘米×17 厘米×7.5 厘米和 25.5 厘米×17 厘米×16 厘米两个区，在一个区放熊蜂，一个区放饲料，将用塑料袋装的糖水饲料，放在盒子的下方。另一个盒子装熊蜂，放在上方。熊蜂和饲料分为两层，两个盒子各打一个直径 3 厘米的圆孔，用一个饲料管连接，便于熊蜂进食。在熊蜂盒的上方用纱网罩住，以便于熊蜂透气。使用时，在授粉盒的上方打两个直径 2 厘米的圆孔，用于熊蜂出巢采集授粉。中国农业科学院蜜蜂研究所设计研制的一款熊蜂授粉专用蜂箱，获得了专利授权。用于留种的蜂群，按处女蜂王与雄蜂的交配、蜂王贮存、蜂王滞育期处理和休眠蜂激活的具体方法，进行管理。

(四)处女蜂王和雄蜂的交配

在蜂群发展到高峰期时，出现雄蜂和新蜂王。大多数的蜂群先出现雄蜂，后出现蜂王；极个别的蜂群先出现蜂王，后出现雄蜂；熊蜂繁殖不正常的蜂群只出现雄蜂或蜂王。在人工控制的条件下，熊蜂的交配是将来自不同群的性成熟的处女蜂王和雄蜂，放入 100 厘米×80 厘米×80 厘米的交配笼内，按雌雄 1∶5 的比例，在采光良好的环境条件下交配。一般交配率最高的时间是晴天上午8～11时，以后交配的较少。蜂王交配完成后，应及时将蜂王抓住，放到另一只笼内喂食花粉和糖水，让交配蜂王贮存体内营养，5天后进行贮藏。蜂王和雄蜂都可以多次交配，交配时间大多为30分钟左右，最长的可达2小时之久。交配后的雄蜂不像蜜蜂的雄蜂那样立即死去，而且还很活跃，也看不出与其他雄蜂有什么不同。

(五)蜂王贮存

交配后的蜂王，并不是立即全部用来继代繁育，因为熊蜂的繁育时间是由温室果菜作物授粉的需要来决定的。在一定的条件下，密林、明亮和红光熊蜂的授粉群繁育时间为50天左右。在温室授粉需要前50天开始繁育，50多天后刚好成群，这样才能充分利用熊蜂的授粉寿命。所以，应该将交配的蜂王用冷藏箱贮存起来。蜂王的高质量贮存，对于工厂化熊蜂群的生产极为重要。蜂王贮存温度为0℃～5℃。在贮存过程中，温度不宜忽高忽低，否则会影响蜂王的寿命和成群率。

(六)蜂王滞育期的处理

在自然界，交配后的熊蜂蜂王要经过休眠越冬，等到第二年春天才可筑巢产卵繁殖。而商品化熊蜂群的生产，有时不允许有那么长的休眠时间，一般采用二氧化碳麻醉剂或激素等办法来打破蜂王的滞育期，使其在很短的时间内完成休眠期体内所要经历的生理变化，从而达到打破蜂王滞育的目的。用二氧化碳麻醉两次，每次30分钟。这一处理过程的好坏，直接影响下一代熊蜂繁育的成功与否。

(七)休眠蜂王的激活

贮存过的蜂王，尤其是经过长时间贮存的蜂王，体内的脂肪消耗较多，不宜直接用于繁育，而要经过一段时间的激活，待体内的营养积累充分、卵巢管发育完全时再进行繁育。这一过程需要的时间一般为几天，主要通过温度控制和饲料供给量来调节这一过程。

二、授粉管理技术

为保证熊蜂的授粉时间和授粉效果，在熊蜂为保护地植物授粉的应用过程中，科学搞好蜂群管理非常重要。如果操作不当，就会使有效授粉的时间明显缩短。实际应用当中，应注意以下几点：

(一)蜂箱的运输与放置

授粉蜂箱为一次性纸箱，里面装有液体饲料，在运输过程中不要倒置或倾斜。一群熊蜂最多可以为面积 300 平方米的温室果菜作物授粉。蜂箱要巢门朝南地置于温室的中部，高度与蔬菜或树冠中心的高度基本保持一致。蜂箱运到温室安放到位后，应放置 2 小时后再打开巢门。

(二)温室通风口的防虫隔离

授粉期间，要用塑料纱网封住温室顶部的通风窗口，防止个别熊蜂外逃而影响蜂群的持续授粉时间。

(三)防止农药中毒

王冬生测定了番茄生产中常用的 10 种杀菌剂和 11 种杀虫剂对熊蜂的毒性。在实际生产中，应根据农药的毒性和残留时间，结合生产需要，科学地选择用药，合理用药，将对熊蜂的毒害降低到最低程度。

1. 杀菌剂对熊蜂的毒害作用　在番茄生长过程中，使用杀菌剂是难免的。虽然杀菌剂的靶标是病原菌，但试验结果表明，杀菌剂的喷洒对授粉的熊蜂也有明显的不利影响，主要表现为慢性毒害。不同的杀菌剂对熊蜂影响不同。在供试的杀菌剂中，58%雷多米尔可湿性粉剂和64%杀毒矾可湿性粉剂，对熊蜂的毒害作用最低，熊蜂的死亡率为0；其次为40%福星乳油、50%速克灵可湿性粉剂、80%大生可湿性粉剂等，药后初期死亡率为0，后期死亡率小于10%；62.25%仙生可湿性粉剂和40%百可得可湿性粉剂，对熊蜂的毒杀作用比较明显，药后1天就有熊蜂死亡，7天的死亡率大于30%。

2. 杀虫剂对熊蜂的毒害作用 杀虫剂对熊蜂工蜂的毒害作用是很突出的，明显高于杀菌剂。不同的杀虫剂对熊蜂的毒杀作用不同。在试验的杀虫剂种类中，毒性比较低的有米满悬浮剂、氟啶脲乳油，它们对熊蜂常不表现急性毒害作用，但有一定的慢性毒害，药后7天熊蜂的死亡率小于20%。锐劲特悬浮剂、一遍净可湿性粉剂和毒死蜱乳油等，对熊蜂具有明显高毒，药后1～2天内，熊蜂死亡率达到95%～100%。扑虱灵可湿性粉剂、害极灭乳油、喹硫磷乳油、天王星乳油和虫螨腈悬浮剂等药剂，对熊蜂的毒害作用没有锐劲特悬浮剂、一遍净可湿性粉剂和毒死蜱乳油的毒害作用强，但它们对熊蜂的致死作用也是明显的，用药后7天熊蜂死亡率在30%～90%之间。结果表明，害极灭乳油对熊蜂的毒害作用是明显的，但这种影响随着时间的推移而很快消失。一遍净可湿性粉剂与熊蜂极不相容，在施药1个月后仍对熊蜂具有明显的杀伤作用，因而在使用熊蜂授粉时，不宜使用一遍净可湿性粉剂进行害虫防治。而天王星乳油对熊蜂的毒害影响维持在10天左右，也就是在使用天王星乳油防治害虫后，至少要间隔10天时间，才能释放熊蜂。在生产应用中，应当根据药剂种类及其药性情况，确定间隔时间，避免农药对熊蜂的毒害。

3. 防中毒操作 农药对熊蜂有明显的致死影响。因此，无论是喷洒杀菌剂还是杀虫剂，都可能对熊蜂的授粉效果产生不利的影响。不同的农药对熊蜂的影响力不同，应当根据农药的种类、结构类型和剂型等，采取相应的措施，避免药剂使用对熊蜂的伤害。使用熊蜂进行授粉的温室中，应当限制农药的使用，积极提倡进行病虫害的生物防治。生物防治技术的应用对熊蜂无害，可以与熊蜂的应用“和平共处”。如需使用化学农药，则应及时向技术人员咨询，以便减少对熊蜂的伤害。在温室引入熊蜂授粉后，不要使用残效期长、杀虫谱广和内吸性的药剂；不要使用超低容量喷雾法或迷雾喷雾技术，不要使用烟熏剂；农药喷洒应在夜晚进行，并根据使用农药品种采取相应的处理方法。通常无毒的药剂可以直接喷洒，但最好在晚上进行；使用低毒的药剂时，可先将熊蜂收起来，间隔几小时后再将蜂群搬回原处；施用高毒不相容的农药时，应将蜂群收起来放在 25℃的条件下，待安全期过去后，再将熊蜂搬回。

（四）防止温度过高

熊蜂比较耐寒，在低温条件下授粉效果十分出色。当温室内温度高于 8℃时，即可出巢采集授粉。但当温度超过 34℃时，熊蜂不再出巢，而在蜂箱内振翅扇风降温。所以，要及时通风降温，最好使温室内温度不要超过 30℃，同时在蜂箱上面用报纸等遮阳，避免阳光直射蜂箱巢门。

（五）及时更换蜂群

在温室内，熊蜂的授粉寿命为 40 天左右，对于不正常的蜂群或授粉寿命到期的蜂群，要及时更换，以保证授粉工作的顺利进行。检查蜂群正常与否时，不要轻易打开蜂箱，以免影响幼虫的发育和采集蜂的正常活动；可以通过观察进出巢门的熊蜂数量来判断。当温室内温度高于 8℃，在上午 9～11 时，如果在 20 分钟内有 8 只以上熊蜂飞回蜂箱或飞出蜂箱，即表明这群熊蜂处于正常的状态。

三、授粉熊蜂数的估算

美国在利用熊蜂 *B. impatiens* 为大田栽种的蓝莓授粉时，提出了一种关于授粉熊蜂数量是否满足授粉要求的估算方法。其具体的做法是：在蓝莓盛花前，均衡地将熊蜂授粉的区域分成 10 个小区，并用木桩或小旗标记。在 3 个不同的日子，观察每个小区熊蜂出现的次数。每次观察应在有阳光、无风晴天的 9～14 时进行，且持续观察 1 分钟时间。观察时，应小心接近观察区，避免惊扰正在访花的熊蜂，而且要站在距观察小区 30 厘米以外，以免干扰熊蜂飞行路线。记录每个小区熊蜂出现的次数，然后统计平均数。一般情况下，每分钟每平方码(0.836 平方米)熊蜂的平均数量达 0.1 只时，对蓝莓的授粉才是充足的。下面列举两个例子说明以上的估算方法。

例 1：第一天观察，2 只熊蜂在小区内采集。这样第一天每分钟每平方码的熊蜂数为 2 只蜂/10 个小区，即为 0.2 只。第二天观察，0 只熊蜂在小区内采集。这样第二天每分钟每平方码的熊蜂数为 0 只蜂/10 个小区，即为 0 只；第三天观察，3 只熊蜂在小区内采集。这样第三天每分钟每平方码的熊蜂数为 3 只蜂/10 个小区，即为 0.3 只。这样，日平均每分钟每平方码的熊蜂数为(0.2＋0＋0.3)/3 天＝0.16 只/天。例 1 说明，在利用熊蜂为该区域的蓝莓授粉时，日平均每分钟每平方码的熊蜂数量为 0.16 只，其值大于 0.1 只，因此用于授粉的熊蜂数量是充足的。

例 2：第一天观察，1 只熊蜂在小区内采集。这样第一天每分钟每平方码的熊蜂数为 1 只蜂/10 个小区，即为 0.1 只；第二天观察，0 只熊蜂在小区内采集，这样第二天每分钟每平方码的熊蜂数为 0 只蜂/10 个小区，即为 0 只；第三天观察，1 只熊蜂在小区内采集，这样第三天每分钟每平方码的熊蜂数为 1 只蜂/10 个小区，即为 0.1 只；这样，日平均每分钟每平方码的熊蜂数为(0.1＋0＋

0.1)/3天=0.06只/天。例2说明，在利用熊蜂为该区的蓝莓授粉时，日平均每分钟每平方码的熊蜂数量为0.06只，其值小于0.1只。因此，用于授粉的熊蜂数量是不足的，需增加熊蜂的数量。由于熊蜂授粉效率比采用蜜蜂或切叶蜂高，所以，一般情况下利用熊蜂为作物授粉时，花期中日平均每分钟每平方码的熊蜂数量为0.1只，即可满足授粉要求。

第四节　熊蜂授粉技术的应用

熊蜂作为授粉昆虫，主要应用在保护地栽培作物的授粉方面。因为目前繁育成本较高，故重点应用在高效经济作物上。将熊蜂应用在番茄、黄瓜、桃、大樱桃、凯特杏、草莓、冬瓜、西瓜、甜椒和甘蓝自交不亲和系制种方面授粉，取得了显著的增产效果和较高的经济效益。

一、设施番茄的熊蜂授粉

设施番茄是我国主要设施蔬菜之一，在栽培面积上占有很大的比重，居世界第一位。但我国并不是设施番茄生产的强国，与荷兰和以色列等农业发达国家设施番茄的产量相比，差距很大。究其原因，除了品种选育相对落后和冬冷夏热的气候因素外，配套技术相对比较薄弱，智能化、标准化技术体系不够完善，是我国设施番茄产量低、品质差和年利用率不高的主要因素。授粉技术是设施番茄生产过程中的重要配套技术之一。过去，主要采用喷施坐果素、人工振动授粉等方式提高坐果率。这些方法虽有一定的效果，但都存在着不同的弊端。如喷施坐果素在增加产量上较为理想，但果实品质差，更重要的是造成激素污染，影响消费者的身体健康。这一方法在一些农业发达国家已被禁止使用，但在我国国内还普遍应用。振动授粉需要每天定时操作，劳动强度大，而且还容易造成植物秆茎受伤,引发病害感染。蜜蜂不喜欢番茄花朵所具有的特殊气味,在设施番茄生产上也应用较少。20 世纪 80 年代末,欧洲一些农业发达国家利用熊蜂为设施番茄授粉,在增加产量和改善果实品质上,取得了理想的效果。他们认为,熊蜂是设施茄果类蔬菜授粉的最佳昆虫。中国农业科学院蜜蜂研究所和北京市平谷区种植业服务中心,对用熊蜂和蜜蜂为冬季番茄授粉的课题进行了研究,并观察了熊蜂的生物学习性。研究结果证明,在温室内,当温度达到 7.17℃时,熊蜂就会出巢试探性地飞翔;当温度达到 8.33℃时,就可进行正常采集授粉,平均日工作时间为 6.98 小时。而蜜蜂的出巢温度为 11.33℃,授粉温度为 12.83℃,平均日工作时间为 5.05 小时;熊蜂和蜜蜂在出巢温度、授粉温度和日工作时间上存在显著差异。熊蜂比较耐寒,在较低温度环境下能够较好完成授粉任务。熊蜂平均每分钟访花 13.33 朵,蜜蜂平均每分钟访花 9.33 朵。

在授粉过程中,熊蜂通常先用前足抓住番茄花朵的花冠管,然后振动翅膀,发出“嗡嗡”的声音,使成熟花粉粒释放出来,落在雌蕊的柱头上完成受精。部分释放出来的花粉粒粘附在熊蜂的绒毛上,在采集下一花朵时可起到异花授粉的作用。熊蜂对于光照强度不是很敏感,很少发生撞棚现象。

熊蜂给番茄授粉后,其产量为每 667 平方米 3 565.12 千克,与蜜蜂组 2 619.98 千克和对照组 2 649.32 千克相比,分别增加了 36.07%和 34.57%,差异极为显著。熊蜂授粉的畸形果率最低,为 7.47%,比蜜蜂组和对照组分别下降了 56.22%和 166.80%。而且,熊蜂授粉的单果重也明显大于蜜蜂组和对照组,单果重达 203.20 克。在果实种子数上,熊蜂组和蜜蜂组均明显高于对照组,且熊蜂组最高,每果种子达 316.17 粒,比蜜蜂组的 189.23 粒和对照组的 42.97 粒,分别增加了 67.08%和 635.79%。在果实大小方面,除了蜜蜂组的果径小于熊蜂组外,其他各组之间差异不显著。熊蜂授粉番茄的固形物含量为4.73%，维生素C含量为16.27毫克/100克，总糖含量为2.67%，均分别明显高于对照组的3.83%，15.50毫克/100克和2.03%。

蜜蜂和熊蜂授粉的效果好于生长调节剂处理，这是因为生长调节剂处理是通过化学物质刺激子房发育，果实发育没有经过正常的受精过程，所以，果实品质差，畸形果率高，种子数量少。而蜜蜂和熊蜂对于花粉具有很强的辨别能力，能在番茄花粉成熟最佳的时候进行适时授粉，果实经过正常的受精和发育，所以，果实大而营养品质高，畸形果率低，种子数量多。

刘新宇等人(2008)对金棚1号番茄品种，用2,4-D生长调节剂和密林熊蜂进行坐果对比试验。熊蜂授粉组比空白组和生长调节剂组在番茄总果数上，分别提高了79.7%和7.36%，畸形果率分别降低了82.5%和66.45%；熊蜂组的单果重比生长调节剂组和空白组分别提高了62.88%和13.67%。虽然熊蜂授粉在总结果数与生长调节剂处理差异不大，但果实明显大于生长调节剂组。在总产量上，熊蜂授粉组比生长调节剂组和空白组分别提高了37.18%和128.5%。实验还发现，熊蜂授粉组的番茄成熟高峰期明显早于生长调节剂组和空白对照组，同时熊蜂授粉组的果实色泽亮丽，果形圆润饱满，果香浓郁，种子成熟度好，籽粒多，而生长调节剂组和对照组的果实内籽粒极少或者没有，且不成熟。熊蜂授粉组与另外两组相比，其番茄总糖含量分别提高了14.72%和57.7%，总酸含量分别降低了20.83%和19.15%，糖酸比分别提高了44.91%和95.23%，糖酸比的增加大大改善了果实的口感。可溶性固形物含量3组果实相差较小，而在维生素C含量方面，熊蜂授粉组果实明显高于生长调节剂组和空白对照组，分别高出48.21%和34.96%。

二、温室黄瓜的熊蜂授粉

黄瓜是我国的主要蔬菜之一，在温室栽培作物中占有很大的比重。现在温室栽培的黄瓜品种，大都属于单性结实，所以在常规生产中，不用人工授粉或生长调节剂处理。但是，和大田栽培相比，产量不理想。北京市巨山农场绿色食品中心的孙永深等人，对日光节能温室种植的津优 3 号黄瓜，用熊蜂 *B. terrestris* 授粉与空白对照的比较研究，其结果见表 29。熊蜂组的坐果率增加了 33.5%，产量提高了 29.4%，果实把柄长度降低了 20.2%，提高了果实的可食率。而果实大小和糖含量、维生素 C 含量、硝酸盐含量和亚硝酸盐含量，两组之间差异不大。说明熊蜂授粉可以促进温室黄瓜坐果，提高产量，降低果实把柄长度，但对果实的营养品质影响不大。证明此种黄瓜虽然可以单性结实，但是利用熊蜂授粉后，果实经过正常的发育，对坐果有很大的促进作用，能明显地提高产量。

表 29 熊蜂授粉对温室黄瓜坐果和产量的影响

授粉次序	坐果数(个/株)			产量(克/株)		
	熊蜂组	对照组	增加量(%)	熊蜂组	对照组	增加量(%)
1	4.3±1.0	3.0±1.8	41.7 *	541.5	387.5	39.7 *
2	4.3±1.2	3.2±1.6	34.8	525.2	419.2	25.3
3	4.4±0.9	3.6±1.1	23.9 *	544.5	441.8	23.2 *
平均值	4.3	3.3	33.5	537.1	416.2	29.4

注：* 表示差异显著 $p<0.05$

三、设施桃的熊蜂授粉

山东省日照市莒县桃树设施栽培面积达 880 公顷，花期多采用蜜蜂授粉或人工授粉。人工授粉费时费力，利用蜜蜂授粉常因花期阴雨、室内温度低于 12℃、蜜蜂不出巢，加上蜜蜂耐湿性差，趋光性强，经常向上飞撞棚膜，以致大量死亡，故有时效果不够理想。董淑华(2006)进行了熊蜂 *B. ombusspp.* 授粉试验,以设施栽培的沙子早生桃和中油 5 号油桃为对象,进行熊蜂授粉试验。用熊蜂为设施栽培的沙子早生桃授粉,坐果率为 95.7%,比蜜蜂授粉高 8.7%,比对照组高 143.2%;用熊蜂授粉,桃的畸形果率为 1.8%,比蜜蜂授粉和对照分别低 79.1%和 90.3%;平均单果重 223.2 克,比蜜蜂授粉和对照分别增加 4.6 克和 6.2 克;熊蜂授粉每 667 平方米产量为 2 315.2 千克,比蜜蜂授粉和对照分别增产 15%和 91%以上;成熟期提前 4 天。设施栽培的中油 5 号油桃,采用熊蜂授粉,坐果率为 98.3%,较蜜蜂授粉高 8.1%,比对照高 43.2%。用熊蜂授粉的油桃,畸形果率为 1.4%,比蜜蜂授粉和对照分别低 82.9%个和 91.4%;平均单果重 170.2 克,比蜜蜂授粉和空白对照分别增加 3.7 克和 4.4 克;每 667 平方米产量为 3 315.9 千克,比蜜蜂授粉和对照分别增产 11.9%和 1 倍多;成熟期也提前 3～4 天。一群熊蜂给 180 株油桃(折合为 600 平方米)授粉,坐果率达 86%,比自然授粉高 135.6%,完全能满足生产需要。

安建东等人用熊蜂为日光温室种植的早久保桃授粉(表 30),与人工授粉相比,熊蜂授粉桃树产量提高 9.14%,畸形果率下降 24.32%,而且熊蜂授粉区桃的大小和果肉厚度明显大于人工授粉的,熊蜂授粉桃的维生素 C 含量,比人工授粉的增加了 22.25%,可溶性固形物含量增加了 11.25%,总糖含量增加了 6.89%,可滴定酸增加了 25%,可见显著提高了果实品质和商品价值。

表 30　日光温室桃园熊蜂授粉的效果

处　理	平均株产(千克)	畸形果率(%)	果实横径(厘米)	果实纵径(厘米)	果肉厚度(毫米)	维生素 C(微克/克)	可溶性固形物(%)	总糖(%)	可滴定酸(%)
熊蜂授粉	8.00	2.80	6.04	6.09	20.95	58.80	8.60	6.36	0.50
人工授粉	7.33	3.70	5.65	5.71	19.52	48.10	7.73	5.95	0.40
较人工授粉(±%)	9.14	－24.32	6.87	6.58	7.33	22.25	11.25	6.89	25.00

注:表中数值为 3 次重复的平均值

四、设施樱桃的熊蜂授粉

樱桃设施栽培,可以规避自然灾害,使果实提早成熟,大大提高经济效益。但是,其授粉问题是制约大樱桃产量的关键因素之一。近几年主要是用蜜蜂授粉,也曾有人用壁蜂授粉。人工授粉费工多,掌握不了最佳时间,效果也不尽如人意。由于樱桃花量大,花朵密集,往往贻误了最佳授粉期,致使坐果率受到很大影响。熊蜂具有旺盛的采集力,对低温、弱光适应力强,有较长的吻,趋光性差,耐湿,信息系统不发达,能专心地在棚内果树上采集花粉,是大棚内较为理想的授粉昆虫。山东省临朐高秀花等人,于 2004 年进行了设施大樱桃熊蜂授粉试验,品种有红灯、莫瑞乌和先锋,项目为蜜蜂和熊蜂的授粉对比研究。结果证实,熊蜂每天出巢采集授粉的时间,比蜜蜂多 3~4 个小时,因而增加了授粉机会。用蜜蜂授粉的樱桃棚内,树顶部距棚膜约 50 厘米范围内的花基本不坐果,而用熊蜂授粉的樱桃棚内,膜下 20 厘米内坐果仍很多;用蜜蜂授粉的樱桃棚内,授粉树上蜂量大,主栽品种上蜂量小;用熊蜂授粉的樱桃棚内,授粉树和主栽品种上看不出蜂量的差别。原因是蜜蜂信息系统发达,个别蜜蜂撞膜后,立即给其他蜜蜂发出信息,告知离膜近的地方不能去;授粉树一般花量大,蜜源多,来到授粉树上的蜜蜂就发出信息,其他蜜蜂也到这里活动。熊蜂的进化程度低,信息交流系统不发达,所以能专心在棚内采集花粉,互不干扰,更利于果树授粉。

熊蜂授粉樱桃的坐果率为 2.5%,蜜蜂授粉樱桃的坐果率为 2.1%。2003 年没有采用熊蜂授粉,3 个棚的产量分别为 380 千克,380 千克,370 千克;2004 年,第一个棚用熊蜂授粉,第二、三个棚用蜜蜂授粉,3 个棚的产量分别为 489 千克,392 千克,390 千克。两年的产量差 3 个棚分别为 109 千克,12 千克,20 千克。相同条件下,用熊蜂授粉的棚比用蜜蜂授粉的棚产量明显增加。经过对 3 个主要樱桃品种红灯、莫瑞乌和先锋的测定,用蜜蜂授粉的树,平均单果重分别为 9.5 克,8.2 克,8.5 克,用熊蜂授粉的树分别为 10.2 克,8.9 克,9.1 克,均有所提高。用熊蜂授粉的棚,开始采果日期为 4 月 7 日,采收结束日期为 4 月 22 日;用蜜蜂授粉的樱桃棚,开始采果的日期为 4 月 12 日,采收结束的日期为 4 月 30 日。前者比后者果实成熟期提早 5 天左右,平均售价提高 10 元/千克以上。

五、温室凯特杏的熊蜂授粉

温室栽培杏树,因其栽培条件与露天环境不同,自然授粉率极低,而对其进行人工授粉,不但费工费时,而且产量和果实品质也不理想。中国农业科学院蜜蜂研究所童越敏等人,对用熊蜂和蜜蜂为温室凯特杏授粉的效果进行了研究。试验于 2004 年在北京市平谷区大兴庄镇唐庄子村杏园进行。温室杏品种为凯特,树龄为 5 年,授粉蜜蜂品种为 *A. mellifera*,熊蜂品种为 *B. terrestris*,人工授粉区则采用毛刷进行常规的人工蘸花授粉。4 月底开始采收,5 月中旬采收完毕。在不同的授粉方式下,温室杏的果实发育期存在显著的差异(结果见表 31)。熊蜂组的果实发育期最短,为 81 天,比蜜蜂组提前了 4 天,比人工组提前了 5 天;在产量上,熊蜂组比蜜蜂组提高了 11.96%,但差异不显著;比人工组提高了 25.77%,差异显著,熊蜂组的温室(600 平方米)产量达 2 855 千克。在果实大小方面,三者之间差异不大,说明和传统生产中采用的人工授粉相比,应用熊蜂授粉能够明显促进坐果,提高产量,缩短果实发育期,提高果品的商业竞争力。

3 种授粉方式对于温室杏果实的维生素 C 含量、总酸含量和可溶性糖含量等营养指标影响不大(表 32),在行业内,通常用糖酸比来评价水果的风味,熊蜂组果实的糖酸比较高,说明熊蜂授粉的杏果实风味更佳。

表 31 不同授粉方式对温室杏果实发育期、产量和果个大小的影响

授粉方式	果实发育期(天)	平均株产量(千克)	折合温室产量(千克/600 米^2)	果实横径(毫米)	果实纵径(毫米)
熊蜂授粉	80.57	5.71	2855	56.53	58.55
蜜蜂授粉	84.87	5.10	2550	56.33	58.15
人工授粉(CK)	85.90	4.54	2270	54.83	56.77

表 32 不同授粉方式对温室杏果实营养品质的影响

授粉方式	维生素 C 含量(毫克/100 克)	总酸含量(毫摩/100 克)	可溶性糖含量(%)	风 味(糖酸比)
熊蜂授粉	0.28	15.7	14.58	0.93
蜜蜂授粉	0.28	15.4	12.14	0.79
人工授粉(CK)	0.26	18.4	14.49	0.79

注:表中数值为 3 次重复平均值

六、温室草莓的熊蜂授粉

日光温室栽培草莓经济效益好,深受果农欢迎,其种植面积在不断增加,已成为一些乡村的重要经济来源和致富途径。但是,如果温室内缺乏授粉昆虫,将导致单位面积产量低,畸形果率高,营养品质差,严重影响经济效益。应用蜜蜂授粉,对提高温室草莓优质果的生产可起到一定的作用,并成为一项常用的技术。熊蜂在日照少、气温低的条件下授粉,其生物学特点及授粉活动习性等方面优越于蜜蜂。中国农业科学院蜜蜂研究所李继莲等人,用熊蜂 *B. lucorum* 和蜜蜂 *A. mellifera* 对日光温室中的童子一号草莓,进行授粉的比较,结果表明,熊蜂授粉与蜜蜂授粉的草莓畸形果率,分别为 11.52% 和 17.74%,差异显著;平均单果重分别为

33.9171克和33.1156克，差异不显著；维生素C的平均含量，分别为0.6660毫克/克和0.5970毫克/克，差异显著；可溶性糖平均值分别为4.93%和6.03%，差异不显著；可滴定酸平均含量分别为0.1235毫摩/克和0.1265毫摩/克，差异不显著。这一结果进一步说明，熊蜂比蜜蜂更适合为日光温室草莓授粉。

七、温室冬瓜的熊蜂授粉

冬瓜在我国北方温室中常有栽培。但是，由于冬季温室内缺少授粉昆虫，采用传统的人工蘸花授粉容易落果，而且产量也不理想。因此，2002年中国农业科学院蜜蜂研究所国占宝等人，进行了熊蜂为温室柿柄品种冬瓜的授粉试验。结果是熊蜂授粉组、人工蘸花组和空白对照组的坐果率，分别为100%，46.7%和25.0%，双果率分别为33.3%，3.3%和0，说明熊蜂授粉可以极大地提高温室冬瓜的坐瓜率。熊蜂组的果实直径比人工组和对照组的分别大26.7%和41.1%，果实高度分别大24.3%和56.8%，差异极为显著，说明熊蜂授粉的温室冬瓜，瓜型明显大于人工组和对照组。在果肉厚度和种子数方面，熊蜂组虽然比人工组和对照组略有增加，但差异不显著。然而从果实种子的品质来看，熊蜂组的果实种子籽粒饱满，成熟度好，这说明熊蜂组的冬瓜花朵授粉充分，果实发育良好。熊蜂组的冬瓜单瓜重比人工组和对照组分别增加了37.4%和156.1%，株产量比人工组和对照组分别增加了269.7%和1220.9%，其差异极其显著。这说明熊蜂授粉不仅可以提高单果的重量，而且大大地提高了总产量。在粗蛋白质、钙、铁和锌的含量方面，熊蜂授粉组、人工授粉组和空白对照组冬瓜的相对含量差异不大，却依次增加。熊蜂组冬瓜的粗蛋白质和矿物质元素绝对含量最高，说明熊蜂授粉使花朵授粉充分，有利于植株对营养物质的吸收和促进果实生长。

本次试验中，人工授粉的坐瓜率为46.7%，明显低于往年人工授粉坐瓜率的70%左右。这是因为在当年冬瓜开花期间，碰巧持续几天阴雪天气,温室内温度较低,光照不足,致使花粉不易成熟,导致了人工授粉坐瓜率偏低。在同样的条件下,熊蜂组的坐瓜率却达到了100%,这体现了熊蜂授粉的优越性。说明熊蜂能够适应恶劣的环境,即使在低温和低光照的条件下,也能取得良好的授粉效果。另外,熊蜂组的冬瓜商品性状高于其他两组,说明熊蜂授粉提高了冬瓜的商品率。这一结果充分说明,熊蜂授粉可以提高温室冬瓜的坐瓜率,促进植株对营养物质的吸收,能明显地提高产量,提高商品率。

八、大棚西瓜的熊蜂授粉

目前,小型西瓜的种植面积呈不断上升趋势,在上海、江苏、浙江、福建、广东、海南和湖北等地,都有广泛栽培,并已在全国形成小型西瓜种植热。然而目前大棚西瓜授粉,主要还是采用人工授粉,这不仅费工费时,劳动强度大,而且坐瓜率低,畸形瓜率高。因此,研究者们进行了熊蜂为大棚西瓜授粉的试验。结果表明,在产量、单瓜重、营养品质等方面,都比人工授粉的效果好。中国农业科学院蜜蜂研究所李继莲等人,用熊蜂为塑料大棚西瓜授粉,进行了西瓜产量、单瓜重、瓜型和营养品质的对比试验。2006 年 7 月 6 日采集西瓜,对所测指标进行统计分析得出,熊蜂授粉区平均单瓜重达到 1.05 千克,每 667 平方米产量达到 23 800 千克,瓜形更周正。熊蜂授粉区的西瓜维生素 C 含量达到 7.04 毫克/100 克,比蜜蜂授粉区增加了 0.14%;含可溶性固型物 9.60 毫克/千克,总酸 0.07%,糖酸比为 118.29,含总糖 8.28%,硝酸盐 86 毫克/千克。实验结果说明,在大棚西瓜中,熊蜂授粉比蜜蜂授粉产量略高,瓜较重,外观较好,维生素 C 和糖含量较高,口感相差不大,硝酸盐一致,均可达到有机食品的标准。

九、温室甜椒的熊蜂授粉

中国农业科学院蜜蜂研究所国占宝等人,对日光温室种植的玛奥品种甜椒，进行应用熊蜂授粉、蜜蜂授粉和空白对照的比较研究，结果见表33。熊蜂组和蜜蜂组比对照组单果重分别增加30.4%和13.7%，种子数分别增加79.9%和21.6%，心室数分别增加29.6%和11.1%，产量分别增加38.3%和22.6%；熊蜂组比蜜蜂组单果重增加14.6%，种子数增加47.9%，心室数增加16.7%，产量增加12.8%。在营养指标上见表34。熊蜂组和蜜蜂组比对照组纤维素含量分别减少50.0%和40.6%，硝酸盐含量分别降低13.8%和13.1%，铁含量分别增加175.8%和23.7%。说明熊蜂和蜜蜂授粉能够增加单果重、心室数、果个大小和小区产量，降低纤维素和硝酸盐含量，增加铁含量，促进营养物质吸收和果实生长，改善果实品质。熊蜂授粉明显增加果实种子数的特点，对甜椒制种生产非常有利。

表33　不同授粉方式温室甜椒的物理指标

处理	单果重(克)	种子数(粒)	心室数(个)	果型(毫米)		坐果数(个)	小区产量(千克/7米²)
				横径	纵径		
熊蜂授粉	130.9±25.7aA	296.7±91.7aA	3.5±0.5aA	70.3±8.2aA	77.3±7.1aA	166.0±11.4	20.9567±1.4024aA
蜜蜂授粉	114.2±22.8bAC	200.6±57.1bBC	3.0±0.0bB	63.8±5.2bB	73.7±6.4bB	165±13.2	18.5850±1.6175bAC
空白	100.4±20.3cBC	164.9±51.2bBC	2.7±0.7cB	60.9±6.5cC	70.1±8.9cC	157±27.2	15.1583±2.5986cBC

注：不同小写字母表示差异显著性($p<0.05$)，不同大写字母表示差异极显著性($p<0.01$)

表34　不同授粉方式温室甜椒的营养指标

处　理	纤维素(%)	硝酸盐(毫克/千克)	铁(毫克/千克)	维生素C(毫克/100克)	钙(毫克/千克)	磷(毫克/千克)
熊蜂授粉	0.32	224	54.6	78.3	120	219
蜜蜂授粉	0.38	226	24.5	72.8	113	226
空　白	0.64	260	19.8	76.8	126	240

注：数值为3次检测的平均值

十、甘蓝自交不亲和系原种繁育的熊蜂授粉

尹德兴用碘盐与硼肥的混合水溶液(即盐硼液)对甘蓝自交不亲和系花序喷雾,同时进行熊蜂授粉。进行这项试验时,选择具有自交不亲和系明显特征特性的、大小基本相等的植株 30 株,分为 3 种处理,各 10 株。处理 1:每 2 天对主枝喷盐硼液 1 次,连喷 15 次,时间为上午 8 时,任由自然条件下昆虫授粉;处理 2:主枝同样喷盐硼液,0.5 小时后放熊蜂授粉;处理 3:主、分枝均进行人工授粉,主、分枝均套袋。处理 1 植株种植于有良好隔离环境的地块中,处理 2 及处理 3 植株均种植于有薄膜、防虫网双层覆盖的密闭大棚中。种植地块肥力状况基本相等,甘蓝株行距及种植面积、栽培管理相同。各处理株每株选留 2 个分枝,保留主枝,将其余侧枝剪除。分枝用防水硫酸纸袋套住,进行人工花期授粉,每个分枝选留 25 朵花,授完 50 朵花后打顶,每次授粉完毕后再行套袋,用于测定其自交亲和指数。主枝选留 30 个花蕾后打顶。结果是处理 2(熊蜂授粉加喷盐硼液)平均单株主枝结籽量为 0.344 克,比处理 1(露天自然条件下授粉结籽量为 0.285 克)高 20.7%,是处理 3(人工蕾期自交结籽量为 0.458 克)的 75.1%,说明熊蜂可以显著地提高种子产量。

盐硼液处理及熊蜂辅助授粉与人工蕾期自交的费用比较,本试验大棚规格为 37 米×6 米,共种植甘蓝 500 株左右,授粉周期 30 天,整个大棚进行盐硼液处理及采用熊蜂辅助授粉,最后收获种子净重 8.5 千克。对整个大棚内甘蓝种株进行盐硼液处理,及采用熊蜂辅助授粉,每天需要 1.5 小时,共计处理 15 次,按每人每天工作 8 小时算,需要人工 2.8 个,按每个工 20 元计算,需要人工费 56 元。另外需要购买喷雾器 1 个,计 50 元,碘盐 23 袋及硼肥 3 袋,计 61.2 元,熊蜂 2 箱,计 520 元。这样,费用共计为 687.2 元,收获种子 8.5 千克,平均每千克费用为 80.8 元。处理 2 结籽数量

是处理 3 的 75.1%，所以若用人工蕾期自交，500 株甘蓝种株可收获种子 11.3 千克。进行人工蕾期自交，每人每天授粉 50 株，每天需要 10 人，30 天授粉周期内需要人工 300 个，按每个工 20 元算，计人工费 6 000 元，每千克种子费用为 531 元。进行人工蕾期自交所收获的种子，每 1 千克费用是盐硼液处理及采用熊蜂辅助授粉的 6.6 倍。

十一、温室茄子的熊蜂授粉

茄子是我国的主要蔬菜之一，在温室栽培中占有很大的比重。但由于冬季温室内缺少自然授粉昆虫，采用传统的人工授粉方法，不但费工费时，增产不明显，而且果实品质也不理想。安建东等人对温室茄子的熊蜂授粉、人工蘸花授粉和空白对照进行比较研究，结果表明，熊蜂组的坐果数比人工组和对照组分别增加 17.84% 和 33.32%（表 35），产量比人工组和对照组分别提高 27.93% 和 41.98%（表 36），果实含糖量比人工组和对照组分别增加 18.33% 和 21.16%，而且熊蜂组的果实大而充实，商品性较好。说明利用熊蜂为温室茄子授粉，不仅能够促进坐果，提高产量，而且可以改善果实品质，提升产品的附加值。

表 35　熊蜂授粉对温室茄子坐果数的影响

重　复	熊蜂组（个/株）	较人工组（±%）	较对照组（±%）
1	2.35	+11.90	+34.28 *
2	2.25	+21.62	+32.35 *
3	2.40	+20.00	+33.33 *
平均值	2.33	+17.84	+33.32

注：* 表示差异显著 $p<0.05$

表 36　熊蜂授粉对温室茄子产量的影响

重　复	熊蜂组（个/株）	折合产量（千克/667 米²）	较人工组（±%）	较对照组（±%）
1	897.00	2045.16	+19.88	+31.33 *
2	895.50	2041.74	+36.04 *	+48.82 * *
3	886.50	2021.22	+27.88 *	+45.81 * *
平均值	893.00	2036.04	+27.93	+41.98

注：* 表示差异显著 $p<0.05$；* * 表示差异极显著 $p<0.01$

第六章　壁蜂授粉

壁蜂属于蜜蜂总科切叶蜂科中的一个壁蜂属。它早春低温出巢，是早春开花植物理想的授粉昆虫。经过近60年的研究开发，现在已经成功地将它应用于果树等方面的授粉，是我国应用范围比较广泛的一种野生授粉昆虫。

第一节　壁蜂品种及其生物学特性

一、壁蜂的品种

壁蜂是一种野生昆虫，在全球各地均有分布。目前，已经查明全世界的壁蜂品种有70余个，被人们驯化后用来为果树授粉的壁蜂品种不足10个。日本应用的是角额壁蜂，美国利用的是蓝果园壁蜂，前苏联开发利用的是红壁蜂，我国研究开发利用的是凹唇壁蜂、壮壁蜂、紫壁蜂、角额壁蜂和叉壁蜂。下面将我国应用的几种壁蜂的形态特征作以简单介绍，以便使人们快速地识别和区分壁蜂的品种。

我国已开发利用的几种壁蜂形态的相同特征：成蜂的前翅有两个亚缘室，第一亚缘室稍大于第二亚缘室；3对足的端部均具有爪垫；下颚须4节；胸部宽而短，雌性成年蜂腹部腹面具有排列整齐的腹毛，称为“腹毛刷”。这种腹毛刷是壁蜂的采粉器官，而雄性成蜂腹部腹面没有腹毛。成蜂体黑色，有些壁蜂种类具有蓝色光泽。雌性成蜂的触角粗而短，呈肘状，鞭节为11节；雄性成蜂的触角细而长，呈鞭状，鞭节为12节，唇基及颜面处有1束较长的灰白毛。我国应用的5种壁蜂的形态特征如下：

(一)紫壁蜂的形态特征

雌性成蜂的唇基正常,没有角状突起,腹部背板有紫色光泽。体毛及腹毛刷均为红褐色;腹部第一至第五节背板的端边缘毛带为红褐色;体长 8～10 毫米,以叶浆为筑巢材料;雄性成蜂头部及胸部被浅黄色毛,腹部第一至第五节背板的端缘毛带为白色,腹部第七节背板的端缘中央有一半圆形凹陷,腹部无腹毛刷,体长 7～8 毫米,比雌蜂略小。紫壁蜂采用豆科植物和蛇莓叶片嚼碎成叶浆后,构筑巢室壁及堵塞管口。卵为长圆形状,乳白色,呈半透明状,长 2.5 毫米,产在花粉团的斜面上,卵的 1/3 埋在花粉团中,2/3的卵外露。幼虫从卵中孵化后,以花粉团为食。幼虫体长 7～11 毫米。化蛹初期,蛹的体色由乳白色变为黄白色,以后颜色逐渐加深为褐色至黑褐色。茧壳坚硬,暗红色,外被一层黄白色丝膜,茧前端的茧突被丝膜覆盖不显著,但在茧突处有深赤红色的小圆点,内层胶质软膜为褐色。雌蜂茧平均长 7.6 毫米,直径为 3.9 毫米;雄蜂茧长 6.5 毫米,直径为 3.8 毫米。

(二)凹唇壁蜂的形态特征

凹唇壁蜂的雌性成蜂唇基突起,中部呈"∧"形凹陷。凹陷处光滑闪光,中央具有一纵脊,唇基两侧角各具有一短角状突起;体毛为灰黄色,雌蜂腹部下面的腹毛刷为金黄色,腹部背板端缘毛带色浅,体长为 12～15 毫米。雄性成蜂头、胸及腹部第一至第二节背板有密集的灰黄色长毛;腹部第一至第五节背板的端缘有白色毛带,第三至第六节背板有稀疏的灰黄色毛,其中混有黑毛,腹部第七节背板端缘为平切状,体长 11～14 毫米。这种壁蜂用泥土构筑巢室壁及堵塞管口。由于雌蜂唇基凹陷,因而它用泥土堵塞管口的表面呈粗颗粒状。卵产在花粉团的斜面上,卵的 1/3 埋入花粉团中,2/3 的卵外露,卵均为弯曲的长圆形状,乳白色,呈半透明，凹唇壁蜂卵长 3～3.5 毫米。幼虫体粗肥，呈 C 型，体表为乳白色，呈半透明状，体长 12～17 毫米。化蛹初期蛹的体色由乳白色变为黄白色，以后颜色逐渐加深为褐色至黑褐色。雌蜂茧平均长 9.9 毫米，直径为 4.6 毫米；雄蜂茧长为 8.4 毫米，直径为 3.9 毫米。

(三)角额壁蜂的形态特征

角额壁蜂雌性成蜂的唇基光滑，端缘中央呈三角形突起。唇基两侧角各具有较长的角状突起，突起顶端呈平状，两尖角相对，外侧稍凹陷，两角相距很近。上颚有 4 齿，端齿长而尖。体毛灰黄色，腹部腹毛刷为橘黄色。体长 10～12 毫米。雄性成蜂复眼的内侧和外侧各具有 1～2 排黑色长毛。头、胸及腹部第一至第六背板有灰白色或灰黄色毛，腹部第七节背板端缘呈弧形。体长 10～18 毫米。用泥土构筑巢室壁和封堵管口，堵口泥土的表面平滑。卵为弯曲的长圆形状，乳白色呈半透明，长约 3 毫米，产在花粉团的斜面上。幼虫以花粉团为食，幼虫的体长为 10～15 毫米，化蛹初期蛹的体色由乳白色变为黄白色，以后颜色逐渐加深为褐色至黑褐色。角额壁蜂的茧为椭圆形，茧壳坚硬，由 3 层构成，茧长 8～12 毫米。直径为 5～7 毫米。

(四)叉壁蜂的形态特征

叉壁蜂雌性成蜂唇基两侧角的角状突起较长，而且宽大，两角相距较宽，突起的顶端呈叉状(变化较大)，大而尖的叉指向前方。唇基光滑，端缘中央有一对小瘤状突起。体毛灰黄色。腹部背板不具毛带，腹部第一至第二节背板密生灰黄色毛，第三至第五节背板的毛为黑色，腹毛刷为深黄褐色。体长 12～15 毫米。雄性成蜂第七节背板的端缘呈平截状或中间稍凹，腹部毛色似雌蜂，体长 10～12 毫米。用泥土构筑巢室壁和堵塞管口。

（五）壮壁蜂的形态特征

壮壁蜂雌性成蜂的唇基两侧角处的角状突起短，两个角状突起的间距较窄；唇基光滑；端缘略呈圆形突起或中央稍凹，唇基端部表面稍凹。腹部第一至第二节背板密生黄褐色毛，第三至第五节背板则密生黑毛，腹部腹毛刷为黄褐色。体长10～12毫米。用泥土构筑巢室和堵塞巢管口。

二、壁蜂的生活史

5种壁蜂的生活史，都是一年发生一代。其卵、幼虫和蛹均在巢管内茧中生长发育，是属于典型的“绝对滞育”昆虫。1年中有300多天在巢管内生活。成蜂的滞育，必须经过冬季长时间的低温作用和早春的长光照感应，才能完全解除。当自然界的气温回升至12℃以上，在茧内休眠的成蜂就很快苏醒，破茧出巢，开始访花营巢和繁殖后代等一系列活动。

若将壁蜂茧用于1月上旬开花的大棚温室油桃授粉，壁蜂的成蜂还处于绝对滞育阶段，释放蜂茧后，成蜂则不能自动出茧，只能依靠人工剥茧的方法放蜂。虽然不同地区的果树开花时间不同，但壁蜂茧在人工低温条件下贮存，可延长成蜂的滞育时间，为开花较晚的果树授粉提供蜂种来源。

壁蜂的雄蜂活动，从杏树开花至苹果树开花时开始，它们完成交配过程后，停止活动，提前死亡。雄蜂个体在自然界的活动时间只有20～25天。壁蜂的雌蜂个体活动时间是35～40天；成蜂产卵的时间是4月上旬，卵的孵化时间大约在6月上旬。幼虫的取食时间主要在4月下旬至6月下旬，各种壁蜂幼虫取食完花粉团和结茧以后，即则转为前蛹。前蛹期很长。角额壁蜂是7月底至8月上旬化蛹，凹唇壁蜂是8月上中旬化蛹，紫壁蜂在9月上旬才陆续化蛹。

(一)角额壁蜂的生活史

角额壁蜂从成蜂产卵开始至孵化出幼虫的卵期，最长时间为13天，最短为8天，平均为10天。幼虫取食完花粉团，先掉转身体，使头部朝巢管口方向休息1～2天后，才开始吐丝。从吐丝开始至结茧完毕的时间需要2.3天，幼虫结完茧之后，以前蛹状态待在茧内至化蛹时所需时间为60天左右，之后化蛹，蛹期19天，8月上旬和中旬羽化为成蜂。成蜂的滞育时间从前一年的8月上中旬至翌年的2月下旬，所需时间为190天左右。

(二)凹唇壁蜂的生活史

凹唇壁蜂的卵期最长为16天，最短为9天，平均为7天。幼虫取食完花粉团后也要掉转身体，使头朝巢管口方向，休息1～2天后开始吐丝。从吐丝开始至结完茧的时间，需要2天左右。前蛹待在茧内至化蛹时，所需天数为64天，至8月上旬和中旬化蛹，蛹期平均为19.2天。于8月下旬至9月上旬羽化为成蜂，成蜂滞育时间大约是180天。

(三)紫壁蜂的生活史

紫壁蜂的卵期最长为15天，最短为12天，平均为13.9天。幼虫孵出时间大多在5月中下旬，取食完花粉团后掉转身体，稍作休息后，当天即开始吐丝，从吐丝开始至结茧完毕，所需时间为2.3天。前蛹期为81.3天。化蛹时间在8月下旬至9月中旬，蛹期平均为17.1天。于9月中旬和下旬羽化为成蜂，成蜂的滞育时间大约160天。成蜂活动所需温度较高。

各种壁蜂的成蜂，在自然界活动时间的长短，主要取决于授粉果园的花期长短。

三、壁蜂的交配

早春壁蜂成蜂出巢时，雄蜂先破茧出巢，出茧的雄蜂一般集中在巢箱附近飞翔巡回，或停留在巢箱和巢箱的支架上。一旦有雌蜂破茧出巢，便立即有数头甚至数十头雄蜂争相与1头雌蜂交配，当其中一头雄蜂抓住雌蜂准备交配时，其他雄蜂则放弃，等待下一只雌蜂出现。整个交尾时间约30分钟。交尾主要在巢箱上、支架上以及巢箱附近的杂草或地面上进行。

四、壁蜂的授粉特性

(一)访花植物

壁蜂是多种落叶果树的授粉昆虫。壁蜂的访花范围较窄，主要是为杏、李、樱桃、桃、梨和苹果等落叶果树授粉。其次，壁蜂还采访草莓、萝卜、大白菜和油菜等十字花科植物的花。紫壁蜂除上述各种植物花朵外，还采访果园中野生的红三叶草、紫花地丁、杞柳、菊科和唇科等植物的花。十字花科植物的花粉对壁蜂繁殖不利，繁殖率明显降低。因此，在实际生产中以繁殖为主的壁蜂，尽量不要采访十字花科植物的花。

(二)访花速度

壁蜂的雌蜂交配以后，访花的速度很快。在晴天无大风的情况下，角额壁蜂的访花速度为每分钟访花10～15朵；凹唇壁蜂的访花速度为每分钟访花10～16朵；紫壁蜂的访花速度为每分钟8～12朵。

(三)访花行为

各种壁蜂在访花时均为顶采式。壁蜂在采访花朵时，直接降落在花朵的雄蕊上，头向下弯曲伸向花朵雄蕊的一侧，用喙管插入花心基部吸取花蜜，同时腹部腹面紧贴雄蕊，用中、后足蹬花药，使已成熟的花粉粒爆裂出来，通过腹部运动收集和携带花粉。凹唇壁蜂一般可以持续2～4秒，紫壁蜂为3～6秒，并且有效地用中、后足和腹部触及柱头，为植物传粉。凹唇壁蜂和紫壁蜂的日访花数分别为4 508.6朵和2 901.6朵。壁蜂采访专一性很强。凹唇壁蜂采集的花粉团中，苹果花粉占花粉总量的94.5%，紫壁蜂采集的苹果花粉占花粉总量的91.4%。角额壁蜂每分钟访花的花朵数为15朵，日访花数为4 050朵。

五、壁蜂的活动温度

凹唇壁蜂出巢采集的温度是12℃～14℃。早晨当气温升至11.5℃时，雌蜂即开始退出巢管，掉转身体，先将头、胸部分露出巢管外，停留1分钟左右，待气温达到12℃时即开始采集活动，直至下午7时左右停止活动。在正常的天气条件下，1天工作达12小时，在每天9～15时的飞行最活跃。角额壁蜂进行飞行活动的适宜温度是14℃～16℃，紫壁蜂飞行的适宜温度为16℃～17℃。

六、壁蜂的营巢与产卵

角额壁蜂、凹唇壁蜂、叉壁蜂和壮壁蜂，都是用泥土筑巢的蜂种。早春各种壁蜂出茧交配后的雌蜂，立即在果园中寻巢定巢。首先对选定巢管进行清理，然后在果园中寻找潮湿泥土，将泥团带回巢管后，用上颚在巢管底部或靠近巢管底部处筑成覆盖整个巢管底的凹形薄壁。第一个巢室壁营造好后，雌蜂开始访花采集花粉和花蜜，制作花粉团，在巢室内贮备蜂粮。蜂粮由花粉和花蜜混合而成。采集蜂粮的雌蜂，完成一次访花收集花粉、花蜜后回巢时，首先钻入巢管，将蜜囊中的花蜜吐到蜂粮的表面。然后，雌蜂退出巢管，转动身体，尾部朝里倒入巢管，用后足迅速地刮动，将体毛中的花粉直接存放在用蜂蜜润湿的蜂粮表面。当花粉团堆积到足够大时,雌蜂采集蜂蜜,将其覆盖到块状蜂粮表面,使整个蜂粮浸没在花蜜中。雌蜂产出1粒卵到蜂粮表面的花蜜中。产完卵以后,雌蜂立即在紧靠前一个巢室的前面构筑下一个完全相同的巢室壁,并在其中制作花粉团和产1粒卵。为了保护后代在巢管内顺利生长发育,减少外界不良气候和天敌的危害,各种壁蜂在1支巢管中产满卵后,在离巢管口4～5厘米处构筑1～3道保护壁。一般气温正常年份,释放蜂茧后16～20天,才出现巢管封口。

第二节　壁蜂的诱捕与回收

对壁蜂的诱捕和回收,是壁蜂授粉技术应用中的重要环节,本节重点介绍诱捕方法和回收技术。生产中许多果农放壁蜂不得要领,放出去收不回或收回很少,直接影响到第二年的用蜂。在实际生产操作中,壁蜂的诱捕和回收应抓好巢管制作、蜂箱摆放、泥湾制作和巢管回收与保存四个环节。

一、蜂巢管的制作

制作蜂巢管的材料,一般用报纸、书纸或芦苇。将报纸或书纸卷成管状,将芦苇切成段即成。长度为10～20厘米。不要制成一个尺寸,应当有长有短,粗度要有粗有细,一般内径为4～6.5毫米。这样有利于大小壁蜂选择长短粗细不同的蜂巢,提高回收率。蜂巢管一般50根左右一捆,用橡皮筋捆绑制成巢管捆。纸制的巢管底部用牛皮纸封住,不仅可减少壁蜂堵口的劳动量,而且有利于回收时判断管内是否有蜂。另外,蜂巢管敞口端应参差不齐,并在入口处涂上红、黄、蓝、白等不同的颜色,以便于壁蜂辨认蜂巢。壁蜂种类不同,它们的个体大小也不同,营巢所要求的巢管直径大小也不一样。因此,对所提供的巢管内径大小,也有不同的要求。紫壁蜂个体较小，主要选择内径为4.5～6.7毫米的巢管营巢，以内径5.5毫米的巢管营巢较多。角额壁蜂个体属中等大小，喜欢在内径为5.5～7毫米的巢管内营巢，以内径6.5毫米的巢管内营巢较多。凹唇壁蜂个体较大，选择内径为6～8毫米的巢管营巢，以内径6.6毫米的巢管营巢较多。

二、蜂箱的制作和摆放

(一)蜂箱的制作

蜂箱有多种质地和形式，纸箱和水泥预制箱都行，形似长方体，体积均为20厘米×26厘米×20厘米，五面封闭，一面开口。在各种巢箱顶部都应留檐，顶檐的长度应该大于蜂箱尺寸10厘米，主要是用来挡风雨，保护巢箱中的巢管不被雨水淋湿，同时有利于保温，适合壁蜂在隐蔽场所做茧的习性。如果用纸箱，则要用塑料薄膜覆盖，以防雨水浸湿。在巢箱底部放3捆巢管，在巢捆上面放一块硬纸板，并突出巢管1～2厘米，在硬纸板上再放3捆巢管，同样再放一块硬纸板。然后，用木条将纸板和巢捆固定在巢箱中。巢管顶部与巢捆间留下5厘米空隙，作为放蜂时安放蜂茧盒用。根据需要可以制成有100支、200支或300支巢管等大中小不同规格的巢箱。

(二)蜂茧盒的制作

壁蜂茧盒可以专门制作，也可以选用医用注射液的针剂纸盒。去掉纸盒内的纸垫，在纸盒的一侧穿3个直径为0.65厘米的小孔，作为壁蜂破茧后的出口。

(三)巢箱的摆放

山区果园实行集中与分散相结合的方法设置壁蜂巢，即在果园内每80米处设一大巢箱，在两大巢箱之间的40米处设一中等巢箱，在大中巢箱之间20米处和放蜂区的边缘果树行间，每20米处设置一个小巢箱；平原果区释放壁蜂采用中等巢箱，每26～30米设一巢箱。所配置巢管数量是放壁蜂数量的3倍。对无授粉树或栽植授粉树少的果园，提倡用阶梯式巢箱，在巢管前的硬纸板上撒上授粉树花粉，利用壁蜂出巢访花时将花粉带到目标果树花上授粉，以达到提高果树坐果率的目的。

采用多点设巢法释放壁蜂，可以减少壁蜂的飞失，解决果树坐果不均匀的问题，并且提高壁蜂的后代繁殖数量。在果园中设置巢箱高度应不低于30厘米。为了促使壁蜂提早出巢访花，在果园中设置安放巢箱时，应将巢管口朝向东南方向。紫壁蜂的田间设巢原则是："避风向阳，巢前开阔。"凹唇壁蜂、角额壁蜂在田间设巢的原则是："地势低洼，避风向阳，巢前开阔，朝向东南"。

三、泥湾的制作与管理

壁蜂在营巢和产卵过程中，需要湿泥作原料。因此在实际生产中，在离蜂箱较近处，用铁锨挖一个25厘米见方的坑，然后浇入2桶水。坑底是生黏土的最好，若是砂土则要在坑内填入淤泥块。等水渗入后，用一细棍在坑底向四周划缝做洞。砂土坑装淤泥块时，要特意垒成缝或洞，吸引壁蜂进洞采湿泥。壁蜂喜半干半湿的细土，过湿过干都不好。如果天气干旱，可在傍晚加水增湿。

四、巢管的回收与保存

(一)收回巢箱、巢管的时间

收回巢管的最佳时间，应在果树全部谢花后5～7天。收得过早，巢管内的花粉团水分尚未蒸发，花粉团还处于半流体和松软状态，受到运输过程中的震动，易使花粉团变形，致使卵粒或初孵幼虫埋入花粉团中，造成窒息死亡。收得过晚，蚂蚁和多种鳞翅目的蛾类害虫易进入没有封堵管口的巢管，它们便在巢管中产卵繁殖后代，以各虫态壁蜂为食，严重危及壁蜂的卵、幼虫、蛹及成虫的正常发育。在收回巢管的过程中，应注意防止剧烈震动，巢管要平放。

（二）巢管的保存

巢管回收以后，应当及时将附着在蜂巢管上的蜘蛛和蚂蚁清除干净，然后放入纱袋中，挂在阴凉、通风的室内保存。

第三节 壁蜂的管理及释放

一、释放前的管理

壁蜂的成蜂在8月中旬至9月份羽化，进入休眠滞育阶段。这是壁蜂较为安全的时期。这段时间的管理，温度保持在0℃～－10℃，才能使壁蜂较为安全地度过冬天，冬季壁蜂茧贮存场所的最低温度不得低于－15℃。若温度过低，应该适当加温。

在壁蜂解除滞育期前，应将蜂茧移入0℃～4℃的低温条件下继续冷藏，这样才能更好地控制成蜂的出茧活动时间。为了便于控制壁蜂数量，在壁蜂解除滞育之前，应将蜂茧从巢管中剥出，以500个茧为单位，装入纸袋或罐头瓶中，放入冷库中贮藏。剥巢取茧的最适宜时间应在春节以前。

二、放蜂茧的时间

放蜂茧的时间，以物候期作参照。第一次放蜂的时间是以最早开花的杏树为准，杏树花蕾露红时就是第一次释放壁蜂茧的最佳时间。第二次放蜂茧的时间，是梨树初花期，在梨树开花前7～

8 天释放蜂茧。

三、放壁蜂的数量

放蜂数量应根据果园类型、果树品种和地区特点来决定。

第一，初果期的幼龄果园和盛果期结果大年的果园，每 667 平方米的放蜂量为 60 头蜂茧。

第二，授粉树少的果园、坐果率低的果园和结果小年的果园，应当增加放蜂量。每 667 平方米的放蜂量为 80～100 头蜂茧。

第三，在华北及北京地区，杏、梨和苹果的花期较短，在特殊年份中，5～7 天花期就结束。每 667 平方米的放蜂量在 150 头左右。

第四，近年来各地利用壁蜂为大棚温室的桃、樱桃和草莓等作物授粉，以提高坐果率。释放壁蜂为大棚温室植物授粉，其放蜂量应适当增加，每 667 平方米以放蜂 400 头为宜。

四、壁蜂的释放方法

我国目前主要采用释放壁蜂茧的方法放蜂。这种方法比较简单，数量易于掌握。根据果园需要的放蜂量，计算出巢箱数，准备好装蜂茧用的纸盒。从冷藏设备中取出蜂茧后，分装在蜂茧盒内，然后把它运到果园中，分别放入每个巢箱中的巢管顶部空隙处，并使蜂茧盒有出口的一侧朝外。每天检查一次蜂茧盒，清除已破茧而未飞出纸盒的成蜂和茧壳。

为了保证蜂茧出房率，在释放蜂茧的第二天，将蜂茧盒放在清水中浸泡 20 秒钟后捞出，待水滴干后再放回巢箱内。由于茧壳泡水后变软，有利于成蜂出茧。在释放蜂茧 5～7 天后，可能还有一部分壁蜂不能破茧出来，这时需要进行人工破茧，协助成蜂出巢，提高壁蜂的利用率。人工破茧的方法是，用小剪刀在茧突下面剪一小口，再用小镊子将茧盖揭掉，使成蜂顺利地出茧授粉。

另一种方法是，为达到释放足够数量雌蜂的目的，在果树开花以前，将壁蜂茧从冷藏设备中取出，移入12℃以上的室内，并用纱罩罩住。成蜂出茧后雌雄自动交尾，收集交配后的雌蜂，分装在小纸盒内继续保存在低温条件下，待果树初花时释放。释放成蜂一定要安排在晚间进行。释放成蜂的优点：一是不需要种植开花植物为壁蜂提供花粉蜜源；二是果树初花期释放成蜂，能使壁蜂的活动完全与果树花期吻合，保证了果树花的及时授粉；三是释放成蜂时能将壁蜂天敌叉唇寡毛土蜂剔出，减少对壁蜂的危害。

五、释放壁蜂的注意事项

(一)种植开花植物

我国的果园多为单一树种的果园。为了提高授粉效果，保证壁蜂回收数量，要在果园中种植开花植物，为早出茧的壁蜂提供花粉蜜源，以补充它们活动所需的营养。壁蜂出茧后果园中若无花粉、花蜜，它们将因觅食而飞往别处，造成壁蜂的飞失，影响果树授粉效果。具体做法是，在果园空闲的地方种植冬春油菜和草莓等，这些植物在4月上中旬果树开花前开花，为早出茧的壁蜂提供暂时的蜜粉源，将壁蜂留在果园中，等待果树开花后授粉。

(二)防治各种天敌危害

壁蜂出茧后易遭受各种天敌的危害，应加强防治，以减轻它们对壁蜂的危害。

(三)防　雨

在壁蜂为果树授粉的季节，应在巢箱顶上搭一个防雨棚，以防雨水淋湿巢箱。巢箱一旦被雨水淋湿，巢箱中的巢管受潮后，巢管中的花粉团容易发生霉烂变质，壁蜂幼虫会因食用变质的花粉而死亡，严重影响壁蜂的繁殖数量。

第四节 壁蜂授粉技术的应用

壁蜂的生物学特性表明，它是早春活动的授粉昆虫，壁蜂适用的授粉植物也是春天开花的杏树、梨树和桃树等果树，和保护地种植的同类植物。也有人将壁蜂授粉应用在李子、沙田柚、芒果、草莓和樱桃上，取得了一定的增产效果。

一、应用壁蜂为苹果授粉

苹果在世界上是第四大果树，在我国是第一大果树，栽培面积居世界首位。目前推广的一些优良品种，如富士系列和新红星系列，本身就存在着自花授粉能力低的缺点。为了达到果品增产优质，果农只得依靠人工授粉和蜜蜂授粉。为了提高授粉效果，诸多单位深入细致、全面系统地进行了壁蜂授粉提高坐果率和产量的研究，取得显著效果。

（一）为红富士苹果授粉

辽宁省果树研究所等单位，用壁蜂为红富士苹果授粉，坐果率达到30.23％～70.29％，与人工授粉的坐果率16.60％～54.46％相比，提高14％。与自然授粉的坐果率11.4％相比，提高2.97倍。释放凹唇壁蜂为13年生富士苹果授粉，树冠顶部中心主枝结果数为41个，占整株结果数的21.3％。人工授粉的顶部中心主枝结果数为12个，占整株结果数的7.3％，壁蜂授粉的效果明显高于人工授粉。壁蜂授粉的平均落果率为13.87％，蜜蜂授粉的落果率为16.48％，自然授粉的落果率为20.60％，特别是在苹果开花期间遭受寒流袭击，花受到冻害，释放凹唇壁蜂与角额壁蜂为富士苹果授粉，其坐果率仍然高达28.8％，与其他人工授粉的果园坐果率12.7%相比,坐果率提高了1.27倍。

西北农业大学昆虫研究所,在利用壁蜂授粉提高苹果品质方面进行了研究。在放壁蜂的果园和自然授粉的果园,按品种分别选树势相同的3棵树。在果实成熟期,每棵树按东、南、西、北、中五个方位,从外围到内膛依次采20个果,每棵树共采摘100个果,逐个测量壁蜂授粉的富士苹果。结果是:壁蜂授粉的平均单果种子数为9粒,与自然授粉的单果种子8.6粒相比,增加了0.4粒。壁蜂授粉的平均单果重为233.08克,与自然授粉的单果重210.81克相比,增重22.27克。壁蜂授粉的果形指数为1.16,与自然授粉果形指数1.14相比,提高了0.02。壁蜂授粉的果实平均着色度为2.63,与自然授粉的着色度2.34相比,提高了0.29。壁蜂授粉的果实,成熟时的果实硬度为7.91千克/平方厘米,含可滴定酸(苹果酸)0.34%,与自然授粉的果实硬度9.53千克/平方厘米,可滴定酸0.42%相比,分别降低17%和19.05%;壁蜂授粉的果实可溶性固形物含量为11.93%,维生素C含量为3.47毫克/100克,可溶性糖8.20%,与自然授粉的可溶性固形物含量为11.73%,维生素C含量为3.26毫克/100克、可溶性糖含量为7.60%相比,分别增加了0.20%,6.44%和7.89%。

凹唇壁蜂授粉的红富士,平均单果横径为7.73厘米,与人工授粉的单果横径7.09厘米相比,增大0.64厘米;凹唇壁蜂授粉的单果重为224.91克,与人工授粉的单果重185.26克相比,增重39.65克。凹唇壁蜂授粉的特级、一级果品,由人工授粉的84.0%提高到97.9%。正果率由人工授粉的70.0%提高到89.6%。

山东省招远市玲珑镇鲁格庄果园二队,种植13.3公顷红富士苹果。在采用壁蜂授粉以前,这个果园主要采用人工授粉来提高坐果率,坐果率在16%左右,苹果总产量在22.5万～29万千克之间。采用壁蜂授粉后,富士苹果的坐果率达33.1%,坐果率提高了1倍以上,苹果总产量达到55万多千克。第二年释放壁蜂授粉后，加强疏花疏果，总产量高达75万多千克，一级以上的果品从过去的60%提高到80%以上。

(二)为国光苹果授粉

用壁蜂为国光苹果授粉后，坐果率达到49.9%，比蜜蜂加人工授粉的24.7%，坐果率提高1倍。用壁蜂为国光苹果授粉后，树冠顶部中心主枝的结果数为68个，占整株结果数的23.2%；在人工授粉区，对相同树龄的国光苹果进行调查，树冠顶部中心主枝结果数为19个，只占整株结果数的7.1%。中国农业科学院生物防治研究所用壁蜂为国光苹果授粉，单果种子数为7.8粒，与自然授粉的4.3粒相比，增加3.5粒。壁蜂授粉的单果重127.8克，与自然授粉的115.4克相比，增重12.4克。壁蜂授粉的单果横径为6.5厘米，与自然授粉的6.1厘米相比，增大0.4厘米。壁蜂授粉的坐果率由自然授粉的60.0%提高到96%；一级以上的果品由自然授粉的52.0%提高到76.0%。果实成熟时，壁蜂授粉的总糖含量为10.943%，糖酸比为19.16，比自然授粉的总糖含量10.926%和糖酸比16.89都有提高。壁蜂授粉的果实硬度为11.9千克/平方厘米，总酸含量为0.571%，均比自然授粉的果实硬度12.8千克/平方厘米及总酸含量0.647%，有所降低。

山东省威海市河西园艺场，是一个有22.46公顷面积的苹果园，以种植国光苹果为主。释放壁蜂以前，每年在果树开花季节租赁蜜蜂授粉和进行人工授粉，苹果坐果率一般在20%左右，苹果总产量在35万千克左右。1991年分别释放凹唇壁蜂和紫壁蜂各为1公顷苹果园授粉，其他的大面积果园仍租赁蜜蜂授粉和进行人工授粉，当年在果树开花期间寒流频繁，气温较低，用凹唇壁蜂和紫壁蜂为国光苹果授粉后，苹果树枝头果实累累，总产量由授粉前的35万千克提高到70多万千克，1995～1996年，每年的总产量均在100万千克左右。

(三)为红香蕉苹果授粉

北京市农林科学院畜牧兽医研究所,用凹唇壁蜂与角额壁蜂混合为红香蕉苹果授粉,坐果率达到20.9%～48.7%,人工授粉的坐果率为20.4%～33.4%,与自然授粉的坐果率13.2%～19.62%相比,坐果率增幅为0.35～1.4倍。测定壁蜂为红香蕉苹果授粉的果实,单果种子数为7.6粒,与自然授粉的5.3粒相比,增加2.3粒。壁蜂授粉的平均单果重208.1克,与自然授粉的147.8克相比,增重60.3克。壁蜂授粉的单果横径平均为7.9厘米,与自然授粉的6.8厘米相比,增大1.1厘米。壁蜂授粉后的正果率,由自然授粉的65%提高到92.5%;一级以上的果品由自然授粉的32%提高到92.5%。

(四)为元帅苹果授粉

1996年,在甘肃省啤酒大麦原种场29年生的苹果园,混合释放凹唇壁蜂与角额壁蜂为元帅苹果授粉。在盛花期遭受－2℃寒流袭击5～6小时,使15%～20%的花朵受冻害的情况下,释放壁蜂为元帅苹果授粉后,坐果率为7.9%,与自然授粉的坐果率5.1%相比,提高坐果率0.55倍。经测定,壁蜂为元帅苹果授粉的平均单果种子数为8.0粒,与自然授粉的6.7粒相比,增加1.3粒。壁蜂授粉的单果重为171.1克,与自然授粉的157克相比,增重14.1克。壁蜂授粉的单果横径为7.3厘米,与自然授粉的7.1厘米相比,增大0.2厘米。壁蜂授粉的正果率,由自然授粉的64%提高到90%;一级以上的果品,由自然授粉的72%提高到80%;果实成熟时壁蜂授粉的着色指数为0.68,总糖量为10.896%,糖酸比为40.96,与自然授粉的着色指数0.63,糖酸比34.17相比,均有相应提高;而壁蜂授粉的果实硬度为9.6千克/平方厘米,总酸量为0.266%,与自然授粉的果实硬度为10.1千克/平方厘米，总酸量为0.32%相比，均有所降低。

甘肃省农垦科研推广中心王引权等人，1996年利用壁蜂为元帅苹果授粉，果实成熟时对果品质量进行了测定，放蜂区的单果重为173.6克，果形指数为0.88，可溶性固形物含量为14.8%，而自然授粉对照区的单果重为178克，果形指数是为0.87，可溶性固形物为14.5%。壁蜂授粉与自然授粉的果品质量差异不显著。放蜂区平均单果含种子数为5.6粒，与自然授粉对照区的单果4.8粒相比，提高16.7%。

(五)为秦冠苹果授粉

西北农业大学昆虫研究所用凹唇壁蜂与角额壁蜂混合释放，为秦冠苹果授粉，坐果率达52.9%～76.67%，而自然授粉的坐果率为36.5%～60.62%。壁蜂授粉平均落果率为3.0%，蜜蜂授粉的落果率为14.76%，与对照的自然授粉落果率26.16%相比，落果分别减少88.19%和43.58%。测定壁蜂授粉的秦冠苹果，平均单果种子数为8.5粒，与自然授粉对照区单果种子7.6粒相比，增加了0.9粒；壁蜂授粉的平均单果重273.88克，与自然授粉对照区单果重252.95克相比，增重20.93克。壁蜂授粉的果形指数为1.15，与自然授粉对照区的果形指数1.14相比，提高了0.01；壁蜂授粉的果实平均着色度为3.50，与自然授粉对照区的果实平均着色度3.34相比，提高了0.16。壁蜂授粉的果实成熟时硬度为10.52千克/平方厘米，可滴定酸(苹果酸)含量为0.34%，与自然授粉的果实硬度10.63千克/平方厘米、可滴定酸含量0.41%相比，分别降低0.11千克/平方厘米和0.07%。壁蜂授粉的果实可溶性固形物含量为14.8%，可溶性糖含量为12.97%，与自然授粉的果实可溶性固形物含量13.8%、可溶性糖含量10.33%相比，分别增加了1.0%和2.64%；果实维生素C含量放蜂区与自然授粉对照区相同，均为4.34毫克/100克。

以上数据表明，利用多个品种壁蜂或用1种壁蜂为各苹果品种授粉，单果种子数均比人工授粉或自然授粉的果实种子数多。果实种子数多，分泌的内源激素也多，果实生长速度快。利用壁蜂授粉后，应该进行疏果，做到留果量适中，使幼果在合理负载条件下生长发育，这样成熟时的果实又重又大，一级以上的果品和正果率都有大幅度的提高。释放壁蜂为果树授粉，不仅能提高树冠顶部中心主枝的结果数，使果实在果树的上部、中部和下部分布较为均匀，更能发挥单株果树的增产潜力。果实在合理负载的枝条上，能均衡地摄取营养和水分，果实生长发育较为整齐，接受阳光照射也较为充足，更能均衡地提高着色指数，使果实色泽鲜艳、美观，口感良好，商品价值提高。

总之，壁蜂授粉果实比人工授粉和自然授粉的果实，正果率高，果色也比较鲜艳美观，从而提高了果实的商品价值。另一方面，壁蜂授粉的果实硬度降低，维生素C、可溶性糖、可溶性固形物等含量增加，可滴定酸降低，从而提高了果实的生化性状及风味。果实品质提高，在市场经济中竞争性强，售价高，因而壁蜂授粉在生产上有很大的利用价值。

从投入产出比分析，利用壁蜂为果树授粉，每公顷投入750～1500元，授粉后，优质果率和产量显著提高，每公顷仅按增产3 000千克计，即可增收4 500～6 000元，扣除成本费用，每公顷净增值3 750～5 250元。

二、应用壁蜂为梨授粉

梨在自然授粉条件下坐果率低。由于受精不足，扁歪果多，果品质量差，商品价值低。为了提高梨的坐果率和果品质量，每年春季在梨树开花时不得不发动广大群众，甚至要求学校放假，让学生参加梨树的授粉劳动。为了解决这一难题，许多单位采用壁蜂为砀山梨、雪花梨、鸭梨、晋梨及香梨、苹果梨等授粉，取得明显效果。

江苏省沛县植保站在0.73公顷梨园内，释放角额壁蜂为酥梨授粉，每667平方米放蜂量为100头，壁蜂为梨树授粉时间只有3～5天。即使在这样的情况下，授粉效果也十分明显。壁蜂授粉区坐果率为46.3%，自然授粉区坐果率为28.8%。梨树经壁蜂授粉后的坐果率增加了60.8%。

甘肃省国营张掖农场利用壁蜂为苹果梨授粉，每667平方米放壁蜂100头。放蜂区的坐果率为18.2%，比自然授粉对照区的7%提高坐果率160%。放蜂区平均每667平方米产梨375千克，比自然授粉区每667平方米的188千克增产近1倍。果品质量也有所提高，投入产出比为1∶4.3。

北京市农林科学院畜牧兽医研究所，在河北省饶阳县利用壁蜂为鸭梨授粉，坐果率为38.4%，比自然授粉坐果率15.8%提高1.4倍。北京市顺义县科协，在窑坡村梨园利用凹唇壁蜂为雪花梨授粉，坐果率为32.2%，与自然授粉对照区的坐果率11.7%相比，提高坐果率1.75倍。

北京市农林科学院畜牧兽医研究所，利用壁蜂为河北省饶阳县的鸭梨授粉，果实成熟时从壁蜂释放区和自然授粉区内，各采摘55个果实进行测定，其结果是壁蜂授粉区内的单果平均含种子数为4.58粒，与自然授粉区的单果所含种子3.98粒相比，增加种子数0.6粒。壁蜂授粉区内的单果横径为6.81厘米，与自然授粉区单果横径的6.48厘米相比，增大0.33厘米；壁蜂授粉区的单果重为184.14克，与自然授粉区的单果重162.55克相比，增重21.59克。

赵文清(2002)采用角额壁蜂为鸭梨进行授粉试验，获得较好的效果。试验面积为118公顷，树龄20年，株行距为5米×6米，共放壁蜂3 500头，同时花前在园内各方位设人工授粉和自然授粉大枝各100个，用纱网罩住。人工授粉处理在开花当天解开网罩，用平顶脆梨花粉授粉，授粉后挂牌注明日期。角额壁蜂授粉和自然授粉调查花，均在花开当天挂牌注明日期，以便采用同日花做试验对比。5月上旬调查花朵数,计算坐果率。5月中旬随机测量同日花各1000个果的纵径和横径。调查完后及时疏果,平均每25片叶留一个果。9月中旬采果各1000个,测定单果重,切开果实数种子数。利用角额壁蜂授粉后,鸭梨坐果率比自然授粉高,比人工授粉低(表37),但是能满足丰产的需求。因此,角额壁蜂授粉完全可取代人工授粉。

表37 鸭梨采用角额壁蜂授粉的效果

处 理	坐果率(%)	果实横径(厘米)	果实纵径(厘米)	种子数(粒)	单果重(克)
角额壁蜂授粉	72.18	2.35	3.35	9.80	238
人工授粉	88.37	1.90	2.95	8.70	220
自然授粉(对照)	24.18	1.63	2.59	6.20	178

从表37中看出,角额壁蜂授粉的幼果,其纵径和横径比人工授粉和自然授粉增大,幼果增大明显。同时,角额壁蜂授粉后的单果重,比人工授粉和自然授粉的增加,产量和品质明显提高。利用角额壁蜂授粉可以节省大量人工,减少投入,完全可以取代人工辅助授粉。角额壁蜂回收率是投放数的3～5倍,一次投资永远受益,适合鸭梨产区大面积推广应用。

三、应用壁蜂为桃授粉

(一)给油桃授粉

大棚内栽培的桃树,果实熟期提前,增加市场竞争能力,提高经济效益。但艳光和潍甜1号在大棚内栽培时坐果率及产量都不高,必须配置授粉树,采取适当的授粉技术,才能提高坐果率及产量，达到增产增收的目的。但投工多，效果差。高厚强(2002)进行了用蜜蜂授粉、壁蜂授粉及人工授粉提高大棚甜油桃艳光、潍甜1号坐果率及产量的研究。选择1、2、3、4号四个大棚作为试验地。棚室面积为180平方米。每个大棚内均以艳光、潍甜1号为主栽品种，以曙光油桃作为授粉树，3个品种的配置比例为3∶3∶1，株行距为1米×2米，均为3年生植株。试验用蜂为蜜蜂和角额壁蜂，人工授粉的器械为毛笔、报纸和茶缸等。在四个棚内各选取树势相当的5株艳光和5株潍甜1号桃树进行挂牌试验，采用单株小区，5次重复，共40株。每个品种采用4种授粉处理，即蜜蜂授粉、壁蜂授粉、人工授粉和自然授粉。初花期在1号棚放1箱蜜蜂，开始授粉，数量为600～800只；在2号棚放壁蜂对艳光、潍甜1号进行授粉；在3号棚采用人工授粉；在4号棚采用自然授粉作对照。

利用蜜蜂、壁蜂在花期传粉及人工授粉，对提高大棚甜油桃艳光和潍甜1号的坐果率及产量，效果明显。艳光蜜蜂授粉、壁蜂授粉和人工授粉的坐果率，比对照(自然授粉)分别增加12.4%，12.2%，20.5%(表38)，潍甜1号相应三种授粉方式的坐果率，比对照分别增加22.7%，21.1%，31.0%(表39)。艳光每公顷的产量比对照分别增加5 491.5千克，6 493.5千克和8 491.5千克，潍甜1号每公顷的产量分别增加4 995.0千克，5 994.0千克和9 490.5千克，3种处理的产量与对照相比，差异均达极显著水平。从3种处理的效果比较来看，人工授粉效果最好，而且3种处理中大棚甜油桃潍甜1号坐果率的提高效果比艳光更显著。从蜜蜂授粉和壁蜂授粉、人工授粉对提高大棚甜油桃坐果率及产量的效果来看，人工授粉的效果更为明显，蜜蜂、壁蜂授粉的效果次之。如果小规模进行大棚栽培，可用人工授粉来达到提高坐果率的目的。若大规模进行大棚栽培，用蜜蜂、壁蜂授粉代替人工授粉，可减少授粉劳动强度，节省授粉时间，具有较高的应用价值。

表 38　不同授粉方式对大棚艳光品种甜油桃坐果率及产量的影响

授粉方式	平均花数(朵)	平均果数(个)	坐果率(%)	平均株产		平均单产(千克/公顷)	较对照增加(千克/公顷)
				(个/株)	(千克/株)		
蜜蜂授粉	183	72	39.3	40	3.2	15981.0	5491.5**
壁蜂授粉	192	75	39.1	42	3.4	16983.0	6493.5**
人工授粉	190	90	47.4	48	3.8	18981.0	8491.5**
自然授粉	201	54	26.9	30	2.1	10489.5	

注:方差分析用 DLSD 法,**为 0.01 水平上的差异显著性

表 39　不同授粉方式对大棚潍甜 1 号品种甜油桃坐果率及产量的影响

授粉方式	平均花数(朵)	平均果数(个)	坐果率(%)	平均株产		平均单产(千克/公顷)	较对照增加(千克/公顷)
				(个/株)	(千克/株)		
蜜蜂授粉	172	69	38.9	34	3.7	18481.5	4995.0**
壁蜂授粉	193	72	37.3	36	3.9	19480.5	5994.0**
人工授粉	85	85	47.2	42	4.6	22977.0	9490.5**
自然授粉	32	32	16.2	25	2.7	13486.5	

注:方差分析用 DLSD 法,**为 0.01 水平上的差异显著性

(二)给桃授粉

陈立新(2005)进行桃园壁蜂授粉的研究,结果证明壁蜂授粉的坐果率均高于自然授粉,早凤王桃坐果率提高了近 4 倍,新选、久保、60 桃的坐果率分别提高 78%,94%和 110%。北京 14 桃壁蜂授粉的幼果单果重是自然授粉的 2 倍(表 40)。

表 40 释放壁蜂对桃坐果率的影响

试验地点	品种	有无花粉	坐果率(%)	
			壁蜂授粉	自然授粉
东良马	60	无	17.6	8.4
	新选	有	33.5	18.8
	久保	有	38.6	19.9
田家庄	天王	无	8.9	8.8
	早凤王	无	15.9	3.2
	北京 14	有	53.6	51.4

冈山白是桃的优良品种之一,但自身没有花粉,自然授粉结实率极低,需要采用人工授粉措施来提高坐果率。北京市平谷县科协在夏各庄村,对冈山白桃进行了壁蜂授粉的对比试验。利用凹唇壁蜂为个体果农承包的 0.66 公顷冈山白桃授粉,放蜂数为 800 头,调查枝条的花朵数为 243 朵,幼果发育至 3 厘米时,坐果数为 151 个,坐果率为 62.14%。同村另一个承包户有 0.73 公顷冈山白桃是自然授粉,调查枝条的花朵数为 273 朵,幼果 3 厘米时的坐果数是 30 个,坐果率仅为 10.99%。两者相比,壁蜂授粉的坐果率是自然授粉的 5.65 倍。自然授粉的不仅花朵坐果率低,已经坐住的幼果,由于授粉不充分而不能正常地摄取树体营养,在生长发育过程中有很大一部分出现幼果萎缩和生理性脱落。

四、应用壁蜂为杏授粉

在我国杏树生产中,普遍存在着坐果率低的问题,杏的多数品种自花不结实。为提高杏树的坐果率,除进行人工授粉或采用蜜蜂授粉外,近年来全国各地有许多单位利用野生壁蜂为杏花授粉,以提高杏树的产量。

山东省威海市利用壁蜂为杏树授粉，坐果率为48.3%，而人工和自然授粉的杏树，坐果率分别仅为21.9%和10.3%。三者相比，杏树经过壁蜂授粉，可提高坐果率1.2～3.7倍。河北省农业技术师范学院园艺系杨连方等人，利用凹唇壁蜂为麦黄杏作授粉试验。结果是：放壁蜂授粉的杏树坐果率为6.88%，比自然授粉的杏树坐果率1.998%提高2.44倍，比人工授粉的杏树坐果率2.95%提高1.3倍，单果增重5.34克。

北京市顺义县有一个1.2公顷的杏园，自然授粉时的总产量为12 500千克。经人工授粉后总产量为14 250千克，平均单株产杏12千克。1992年，北京市农林科学院畜牧兽医研究所蜜蜂研究组，在这个杏园中释放凹唇壁蜂200头为杏树授粉，使总产量提高到15 450千克；放壁蜂2 000头后，坐果率为47.89%，总产量达到21 529.5千克，比人工授粉增产7 279.5千克。一级果品率达84.45%。通过计算表明，利用壁蜂为杏树授粉的投入产出比为1∶15，经济效益十分显著。

山东威海市北竹岛园艺场释放壁蜂授粉的杏树，其坐果率比自然授粉的提高1.2～2.7倍，产量达170多千克，与释放壁蜂前两年自然授粉的产量48～62千克相比，增产2倍多。

五、应用壁蜂为李授粉

温室内栽植的李树，因棚内无授粉媒介，故导致坐果率低，产量不高。邵军辉为提高温室李树的坐果率和产量，在四个棚内进行了红心李角额壁蜂授粉试验，1个棚不释放壁蜂作为对照。在温室李开花前5～6天，把装有150头蜂茧的小纸盒放在巢箱内。温室李花期经过壁蜂授粉后，坐果率为31.5%，比对照的11.7%，提高了1.69倍。壁蜂授粉树株均产李7.8千克，而对照树株均产李为3.4千克，增加129.4%。平均单果重61克，对照为53克，增加了15.1%。

西北农业大学利用壁蜂为李树授粉，坐果率为 26.09%，与自然授粉的 3.93%相比，提高坐果 5.64 倍。在陕西省礼泉县后寨南园，利用壁蜂为李树授粉，坐果率为 75.39%，与自然授粉的 45.67%相比，提高坐果率 0.65 倍。

六、应用壁蜂为沙田柚授粉

区善汉于 1999～2000 年引进壁蜂，进行沙田柚壁蜂授粉试验。树龄为 8～9 年生，柚树为 33 株，面积为 667 平方米，以 1∶10 的比例配置酸柚、砧板柚作授粉树，树势健壮，连年丰产稳产。在沙田柚花开 20%～30%时，开始放蜂。试验设三种处理，以人工异花授粉作对照，田间随机排列。授粉前，在每一种处理及对照中，随机确定 9 株树并在东、南、西、北四个方向选一大枝统计花量。第一次生理落果结束后，统计坐果数。1999 年，角额壁蜂授粉柚树的坐果率比人工异花授粉的高 36.49%，但 2000 年时却只及人工异花授粉的 45.1%。而凹唇壁蜂授粉柚树的坐果率，不管是在 1999 年还是 2000 年，均只及人工异花授粉柚树的 43%～62%，效果不理想。但两年相比，2000 年凹唇壁蜂授粉柚树的坐果率比 1999 年提高了 3%，而角额壁蜂却下降了近 12%。人工授粉则两年相近。两年的试验结果表明，壁蜂辅助沙田柚授粉有一定的效果，其坐果率可达到人工异花授粉的 40%以上，通过两年试验，初步认为壁蜂授粉是解决沙田柚人工异花授粉的又一条新途径。

七、应用壁蜂为大白菜亲本繁殖授粉

邵祝善在大白菜亲本繁殖时利用壁蜂授粉，操作方法是：将壁蜂巢敞口朝向东南或正南，蜂巢最好距大白菜植株 3 米左右。当大白菜植株有 50%开花时，从冰箱取出蜂蛹，按每棵植株配 2～3 头成蜂放蜂。由于壁蜂的有效授粉时间只有 15～20 天，而大白菜开花期为30天左右，所以应10天左右放蜂一次，共放3次。对自交不亲和系的大白菜亲本应每天上午10时左右喷洒3%～5%的盐水，以提高结实率。

一个纱罩内放入50头凹唇壁蜂，另一个纱罩内放一箱约3 000头蜜蜂，5月17日授粉结束。两种蜂的授粉效果是：凹唇壁蜂授粉的单株平均荚数为20.14个，单荚平均籽粒数为6.96粒，单株籽粒重2.905克；蜜蜂授粉的单株平均荚数为8.17个，单荚平均籽粒数为3.39粒，单株子粒重为0.695克。

八、应用壁蜂为芒果授粉

芒果是典型的虫媒花植物，花朵不泌蜜，有异味，传粉昆虫主要靠蝇类、蚂蚁辅助授粉。近几年来，果园中大量应用剧毒农药，导致访花昆虫数量显著减少，坐果率下降。杨秀武利用角额壁蜂为芒果授粉，供试的有秋芒和椰香芒两个品种，蜂箱之间相距60米，壁蜂每分钟访花20～30朵。壁蜂访花速度快，工作时间长，授粉能力强，是芒果授粉的优势昆虫。经田间测定，秋芒和椰香芒壁蜂授粉花序坐果率为对照的4.0倍和4.1倍，花序坐果数为对照的7.7倍和7.1倍。试验结果表明，利用壁蜂为芒果授粉，有显著的增产效果。

九、应用壁蜂为草莓授粉

温室草莓冬季或早春开花，温室内湿度大，花粉不易散开，加之缺乏授粉昆虫，需要采取其他措施促进授粉。目前，对草莓多用喷施植物生长调节剂或放蜜蜂来提高坐果率。植物生长调节剂在草莓上的效果不稳定，且污染果实，不利于消费者健康，发达国家已禁止使用。针对上述问题，河北省农业科学院石家庄果树研究所同中国农业科学院合作，在国内率先研究人工驯化利用野生壁蜂，并通过对幼蜂进行冷处理，成功解决了春季温室草莓授粉所需的壁蜂。1998 年春，在丰南县李毫区试验，温室草莓壁蜂授粉后果形良好，色泽鲜亮，单果重增加 2～4 克，几乎没有畸形果。而不放壁蜂也没有放蜜蜂的温室，草莓畸形果达 30%，小果多，每千克价格少卖 1 元。温室利用壁蜂授粉比用蜜蜂费用低。

十、应用凹唇壁蜂为樱桃授粉

刘新生进行了樱桃的壁蜂授粉研究，试验的品种为那翁、大紫、红艳和红灯，树龄为 11 年生。壁蜂授粉可显著提高樱桃的坐果率，距主巢箱越近，授粉效果越好，坐果率越高。距主巢箱 0～20 米的樱桃树，坐果率显著高于距主巢箱 20～40 米的，距主巢箱 40～60 米的坐果率与自然授粉的效果没有显著差异。放蜂区与未放蜂区比较，樱桃果实的纵径、横径及单果重，分别增加 0.15 厘米，0.18 厘米及 0.57 克。放蜂区授粉条件好，因此，果实发育良好。山东省蓬莱县聂家疃村，利用凹唇壁蜂为 6～7 年生的那翁、红灯等大樱桃授粉，距离蜂箱 0～20 米的单株产量为 2.1 千克，在壁蜂有效授粉范围之外 60～100 米内的单株，产量仅有 0.7 千克，前者产量为后者的 3 倍。利用壁蜂授粉可显著提高樱桃的坐果率，授粉效果相当于人工授粉，比自然坐果率提高 21.15%，而且应用技术简便，壁蜂不需要专门饲养，省工省力，1 年投入可连年受益。如果释放量为 1 500～2 250 头/公顷，每头按 0.5 元计算，1 年投入为 750～1 125 元，当年可增产 10%～15%，估计增加产值 7 500～15 000 元。西北农业大学昆虫研究所，在校果园中利用凹唇壁蜂为大樱桃授粉，放蜂区大樱桃花朵坐果率为 65.02%，比自然授粉对照区的 32.8%，提高坐果率 0.98 倍。

第七章 其他授粉昆虫

在授粉昆虫中，蜜蜂属占有相当大的比例。蜜蜂属是一个庞大的家族，有15 000～20 000个种，中华蜜蜂和意大利蜜蜂是蜜蜂属中优秀的蜂产品生产品种，在为农作物授粉中起主导作用。虽然蜜蜂是一个多向性的昆虫，可以为许多不同植物授粉，但是它对苜蓿、西红柿的授粉效果却远不如熊蜂、切叶蜂等其他野生授粉蜂种，这些昆虫在授粉方面也有很好的发展前景。

由于授粉昆虫与植物长期协同进化的结果，授粉昆虫与植物在形态结构、生理生化和物候期等适应方面，均趋于相互依赖的程度。以苜蓿花为例，由于花结构的特殊性，需要授粉昆虫用口器将花打开，使雌、雄蕊暴露在外面，但蜜蜂打开花瓣的能力不如切叶蜂，因此苜蓿花期主要是切叶蜂和熊蜂等其他野生昆虫授粉。又如蜜蜂为油茶授粉会出现中毒现象，这是生理生化上的不适应。但研究者发现在油茶区有大量野生昆虫存在，如大分舌蜂和几种地蜂，它们在长期协同进化中适应了油茶的生化特点和物候特点，所以能在油茶林中大量繁殖。如油茶地蜂每平方米有20多只，大分舌蜂则广泛分布于各油茶区。某些热带或亚热带的药用植物，如砂仁、豆蔻和天麻等，只有野生蜜蜂才能起到授粉作用。所以，近年来，人们在重视中华蜜蜂和意大利蜜蜂授粉作用的同时，也逐渐开展了熊蜂和壁蜂等野生授粉昆虫的人工饲养和周年繁殖技术的研究，并且取得了一定的进展，已应用到保护地西红柿、果树和其他农作物授粉生产中。目前已开始研究开发的几个授粉昆虫，也是今后应用和发展的方向，这里对其生物学特性、生活习性和应用领域，作以简单介绍，以便今后更有效地利用。

第一节　切 叶 蜂

切叶蜂 *Megachile* 的种类较多，其中分布广、数量多、授粉效果好的是苜蓿切叶蜂 *Megachile rotundata* Fabr，为苜蓿的重要授粉昆虫。

切叶蜂营独栖生活，每年繁殖 1～2 代。分雄蜂和雌蜂两种。雄蜂主要是和雌蜂交配，没有采集授粉能力。雌蜂有产卵繁殖后代的能力，也是主要的授粉者，一只雌蜂一个生活周期是 2 个月，一生可产 30～40 粒卵。苜蓿切叶蜂主要采集苜蓿花，同时也非常喜欢草木樨、白三叶草、红三叶草等多种豆科牧草，苜蓿切叶蜂采粉速度快，每分钟采访 11～15 朵花。切叶蜂在采蜜时首先将花朵打开，再钻进花朵内采集花蜜，这时它的腹部在花的柱头上擦来擦去，将花粉粒粘附在绒毛上。切叶蜜蜂采访第二朵花时，仍以同样的方式采蜜，就将前一朵花的花粉传到了第二朵花的柱头上，从而完成了苜蓿的授粉。

苜蓿切叶蜂将上腭切下的植物叶片卷成中空的管，在中空的管中筑一个巢室，在室内填充一半花粉和花蜜的混合物，雌蜂将卵产在它的上面，再用切下的圆形叶片封闭巢室的顶部，第二个巢室直接筑于第一室上，直至管或筒被填满。卵经过 2～3 天变成幼虫，幼虫取食室内的蜂粮。幼虫期约为 2 星期。老熟幼虫越冬，次年春季化蛹，约 1 周后羽化。雄性 5 天羽化，雌性 5～7 天羽化，从巢房中孵化出的成蜂 2/3 是雄蜂。雌蜂有一个螫针，但很少使用，螫人时只会引起一点疼痛，有利于饲养。此蜂飞行距离较短，所以一般将其放在苜蓿田间，授粉效果最好。切叶蜂喜欢阳光充足、温暖、少雨而有水源的地方，在这种条件下飞行和授粉时间延长，对蜂群的繁殖更为有利。

为了扩大苜蓿切叶蜂的数量，加拿大苜蓿业主专门制作巢板将其饲养，有的利用开沟的薄木板或聚氯乙烯管引诱此类蜂筑巢。从巢板中取出巢室，放于户外干燥越冬。次年苜蓿开花前 3 个星期，把巢室放于贮藏室的盘中，调节室温为 30℃，空气相对湿度为 50％～75％，盘下放紫外光灯及水盆，寄生于切叶蜂蛹的小蜂羽化后飞向紫外光灯，落于水盆中。雌性羽化后 21 天，就可以在田野中授粉。巢板放在田间，应注意避免高温、强光、雨、强风、鸟害和药害。放置苜蓿切叶蜂的好处是传粉效率高，巢板易于转移，而且不需要固定的地块，因此美国及加拿大已建立了生产巢板的工厂。

国内外科研人员已成功地研制出一套切叶蜂的繁殖设备及管理技术，并在生产上推广应用。

中国农业大学的科研人员研制成功了切叶蜂的蜂箱，以松木为材料，孔径为 7 毫米的蜂巢板组装的蜂箱最好。利用这种蜂箱，可以比较经济地繁殖出更多的雌蜂，并且个体大，健壮，授粉能力较强。蜂茧在 5℃冰箱中贮藏越冬，翌年初夏取出，在 29℃～30℃的孵化箱中孵育，在进行种子生产的苜蓿初花期释放于田间。每 667 平方米用蜂 1 500～3 000 只，可提高苜蓿的异花授粉率，使其种子增产 50％～100％。

第二节　油茶地蜂

油茶地蜂 *Andrenacamellia* Wu，是江西、湖南等地油茶花期的主要授粉昆虫之一。油茶地蜂属于膜翅目，蜜蜂总科，地蜂科，地蜂属，在江西、湖南和贵州等地区 1 年发生 1 代，一生中的大部分时期处于老熟幼虫滞育状态。

(一)生 活 史

黄敦元(2008)研究观察了地蜂在自然条件下的生活史。其成虫通常在每年的 10 月份羽化，并陆续出巢活动。一般雄性较雌性早2～3天出巢，一个巢穴中成虫的出巢历期在15天±2天。油茶的盛花期是油茶地蜂成虫的活动高峰期。12月中旬，成蜂数量开始减少，12月底基本不见其活动。单只雄蜂出巢后的寿命为18天左右，雌蜂为38天左右。卵期约8天，幼虫活动期约24天。幼虫取食完花粉球后开始进入滞育期，滞育期较长，历时约241天。翌年9月中旬开始化蛹，蛹期约30天。成虫于10月中旬陆续羽化出巢，羽化后的当天即可交配，交配后的大多数雌蜂在羽化地点附近选址筑巢。油茶地蜂筑巢时，成蜂在挖掘到一定深度后开始在主道附近修筑虫室，修筑好一个虫室，然后开始外出采集山茶属植物的花粉到虫室中制作花粉球，待一个花粉球制作完成后，雌蜂在其上产一枚卵，并封闭虫室。然后继续筑巢，并修筑下一个虫室。

1. 卵 卵近似微弯曲的长圆柱形，两端略钝尖，长为2.366毫米±0.191毫米，直径为0.561毫米±0.06毫米，产在球状的蜂粮上。花粉球的直径为4.050毫米±0.468毫米。刚产的卵无色透明，略带乳白色，表面光滑。大约8天后，卵壳内幼虫的形态发育完成，虫体缓慢地蠕动，然后以头部破卵而出，卵壳从背中线逐渐开裂。

2. 幼　虫 由于油茶地蜂幼虫在密闭的虫室中发育，幼虫蜕皮现象不明显。根据幼虫的发育情况和对花粉球的消耗情况，进行初步的描述。初孵化幼虫以腹面与卵壳相连，呈半透明的浅乳白色，长2.646毫米±0.238毫米，宽1.025毫米±0.103毫米；借助花粉球表面的黏性和幼虫体表的黏液，粘在花粉球上取食。取食时，头部伸入花粉球，身体不停地收缩吞食食物。幼虫稍大后便可观察到食物在消化道内从前向后逐渐流动的过程，食物在中肠后端开始积累，逐渐能透过身体看到一条黄黑色的消化道，此时幼虫只取食，不排便。低龄幼虫生长缓慢，对花粉球的消耗较小，花粉球的消耗量大约只占整个花粉球的1/10。幼虫体表光滑，且看不到分节现象。随着虫体的长大，节间褶皱逐渐由浅变深，粘在身体两侧的卵壳也碎裂成条状，幼虫的颜色变成了乳白色。大约5天后，有一次明显的蜕皮。刚蜕皮的幼虫褶皱明显，身体明显呈C型，且对花粉的需求量开始增加，幼虫生长迅速，体长9.042毫米±0.425毫米。宽2.683毫米±0.213毫米，老熟幼虫体呈粗壮C型，体表光滑，呈乳白色，体长9.647毫米±0.443毫米，宽2.825毫米±0.272毫米。头部宽圆，有明显的触角乳突，上颚具2齿，下颚须及下唇须明显可见，唾泵开口处为一大缝，缝的外缘具唇状边缘。油茶地蜂以老熟幼虫滞育，滞育期约241天。

3. 蛹 雌、雄蛹的个体大小差异较大。雌蛹体长9.302毫米±0.178毫米，宽4.514毫米±0.312毫米；雄蛹体长6.963毫米±0.155毫米，宽2.877毫米±0.117毫米。体色初期乳白色，逐渐从乳白色为淡黄色、土黄色、褐色至黑色；头、胸部的颜色变暗；腹部节间处随头胸部同时变黑，其余部位由褐色逐渐至黑色。复眼1对，单眼3只，位于额顶两复眼中间，呈倒三角形排列。初期单、复眼均无色，约2天后变为浅粉色，并逐渐呈浅粉色、红色、暗红色至黑色。整个蛹期约30天，羽化完成后变成成虫，新成蜂打通虫室与主道之间的小径，并沿主道爬出巢口。

4. 成 虫 成虫羽化出巢一般在油茶盛花期的前期。一般油茶地蜂巢口直径大小为5.019毫米±0.147毫米。雌雄比约为3∶1。雄蜂个体较小，体长为8.501毫米±0.244毫米，不具有采粉器官（花粉篮和腹毛刷），专司交尾。雌蜂个体较大，体长为10.233毫米±0.365毫米，具有特有采粉器官（花粉篮）采集花粉，并吸食花蜜而不伤害花朵。体表多毛易粘花粉。雌蜂承担筑巢、制作花粉球和产卵等任务。

（二）交配行为

刚出巢的雄蜂先取食花蜜和少量花粉，以补充营养。雄蜂多在晴好天气的上午9时左右出巢，集中在上午9时和下午15时左右采集花蜜和花粉。白天的其他时间守候在巢口附近等待雌蜂。夜晚和大风低温天气时，躲到隐蔽的树叶下休息。雌蜂的出巢时间集中在晴天的9～17时。雌蜂出巢后，一般在当天便可与雄蜂交尾，交尾地点多在巢口附近和向阳的树丛附近。雌蜂晚上栖息于巢室的主道内。由于雄蜂羽化较雌蜂早且大多集中在巢口附近的杂草和灌木周围，所以在巢口附近和向阳树丛上都集中了大量寻找交配机会的雄蜂。一旦发现雌蜂，雄蜂便迅速起飞与之交尾。交尾时雄蜂用上颚和足抓住雌蜂，并落在其背上，不断用前足拨动雌蜂的前胸背部，待雌蜂腹部末端上翘表示接受交尾时，雄蜂伸长并向下弯曲腹部，露出阳茎，插入雌蜂的生殖孔。交尾持续约40.668±7.367秒钟后，雌蜂挣脱雄蜂飞走。一只雄蜂可与多只雌蜂交尾，而雌蜂一生则可能只交尾一次。交尾后的雌蜂，如果遇到再次来交配的雄蜂时，一般雌蜂腹部末端下翘，振动翅膀，并迅速从叶片上坠落而逃离。交配成功的雌蜂立即开始选址筑巢、访花和制作花粉球。完成筑巢和做好花粉球后，雌蜂将卵产在花粉球上，一只雌蜂一生产卵12～18枚，多数为14枚。

因为油茶地蜂为油茶授粉时死亡较多，故目前认为油茶地蜂是油茶重要的授粉昆虫，应该人为地创造适合地蜂生存的环境条件，以利其繁殖和扩大，保证油茶授粉昆虫数量的充足，为油茶优质高产创造条件。

第三节　无刺蜂

无刺蜂具有对人无害、采访作物范围广、耐高温等优点，为具有很大潜力的温室授粉昆虫。介绍无刺蜂的生物学特性，以利更好地利用它为温室作物授粉。

无刺蜂起源于非洲，现分布在世界热带和亚热带的各个地区。无刺蜂具有不同于其他蜂的3个特征：①翅脉简化不明显；②存在阳茎丝;③螯刺退化。无刺蜂属于蜜蜂科、无刺蜂亚科。无刺蜂在我国已发现10种,以黄纹无刺蜂(*Trigonaventralis* Smith)分布广,数量多,分布于云南南部和海南岛。无刺蜂是许多野生植物包括热带作物的非常重要的授粉昆虫,也可以产蜜和产蜡。

(一)无刺蜂的生物学特性

1. 防　御　无刺蜂发育不完全,没有螯针功能,不同无刺蜂种的自卫方式不同。一些蜂种采用进攻性的防御方式,通过叮咬来自卫;有的从喙中喷出具有腐蚀性的液体来自卫;还有的释放难闻的气味或爬到人的眼睛、耳朵里来自卫;其温驯品种,通常把所有的巢门封好,有时爬到人身上,用下颚轻咬。但大部分种类不会伤害人类或动物。

2. 筑　巢　大多数无刺蜂在地下洞穴中筑巢,如白蚁洞穴。还有一些无刺蜂在树枝上筑巢。

3. 繁　殖　蜂群个体数量的增加,主要由蜂王的产卵能力决定。不同蜂种的蜂王日产卵量不同,而且随季节变化也很大。蜂群数量的增长,是通过分蜂产生新蜂群,分蜂过程与蜜蜂有所不同。蜜蜂出现分蜂时,老蜂王离开母群,而无刺蜂是年轻处女蜂王离开母群,母女蜂王同巢可持续几周甚至几个月。无刺蜂分蜂时,首先工蜂寻找并确定新巢的位置,并从母群中搬运必需的筑巢材料和饲料;然后处女蜂王随同一些工蜂一起从母群飞到新巢中,新蜂群即产生。无刺蜂王在交配时不进行婚飞。任何受精卵都可成为蜂王或工蜂,这完全是根据幼虫阶段的食物量多少来决定的。

4. 群势与劳动分工　蜂群的群势大小,与蜂种有直接关系。蜂群群势从几百只到几千只不等。工蜂之间的分工,随着工蜂年龄的增加,分工也发生改变。无刺蜂控制巢内温度的能力不如蜜蜂有效,特别是当温度低的时候,它们升温无效,这也是无刺蜂只分布在热带和亚热带地区的原因。当温度升高时,它们在巢门口扇动翅膀换气来降温。

5. 采集与飞行范围 无刺蜂的工蜂像蜜蜂一样，负责采集花粉、花蜜和蜂胶。大部分无刺蜂种是多食性的，采集范围很广。无刺蜂采访大约 90 种植物的花，如胭脂树、佛手瓜、椰子、杨桃、澳大利亚坚果和芒果等植物的花。蜂群在温室中授粉没有问题。无刺蜂的飞行范围小。一些体型小的蜂飞行距离只有 300 米，中型蜂飞行距离也只有 600 米，大型蜂(10 毫米大小)飞行距离有 800 米，特大型蜂(13～15 毫米大小)飞行距离大约有 2 000 米。飞行行为与温度成正相关，与湿度成负相关。

6. 信息交流 像蜜蜂一样，许多种类的无刺蜂能够对食物所在地进行信息传递。它们通过上颚腺分泌的一种化学物质来传递信息。无刺蜂的一些种类通过声音和“Z”字形舞蹈交流信息；采集蜂按照食物所在地的距离变化，相应地变化声音，进行信息交流；一些种类采集蜂通过散发化学气味进行信息交流。

7. 蜂群的寿命与授粉效率 只要没有致命的灾难发生，无刺蜂蜂群通过更换蜂王可不断繁殖。一般来说，蜂王的寿命比蜜蜂蜂王的寿命长。无刺蜂的工蜂也比蜜蜂工蜂寿命更长。工蜂在巢中大约度过 6 周的时间，在外界度过同样长的时间。它们的寿命大约是蜜蜂工蜂的 2 倍。虽然有关无刺蜂授粉对作物产量的影响报道很少，但许多种类用于作物授粉效果很好，只是一些蜂种可能至今还没有被应用。无刺蜂是多食性的，是一些作物如澳大利亚坚果树的有效授粉昆虫，而且能很快适应一些未知的新植物。如在日本，无刺蜂能采集许多未知植物的花粉与花蜜。无刺蜂的授粉效率略低于蜜蜂。

(二)无刺蜂的应用

目前饲养的无刺蜂种，主要有 *Melipona* 和 *Torigona*。无刺蜂仍主要用于产蜜。一些研究者们设计了不同种类的产蜜蜂箱。

由于无刺蜂没有调节升温的能力，因此，蜂箱设计的主要问题是温度的控制，以便能够周年繁殖蜂群。目前通用的蜂箱由内箱和外箱两个箱子组成。内箱设计包括产卵区、食物贮存区和进料区。外箱配有加热系统，即使在冬天也能保持蜂箱内有合适的温度，如日本成功饲养 *T. carbonaria* 蜂群，并应用于温室授粉；澳大利亚本土的无刺蜂 *Trigona* spp. 主要用来产蜜。无刺蜂产蜜量很低，每群蜂年产蜜还不到 1 千克，是珍贵的上等佳肴，无刺蜂蜂蜜会越来越昂贵。无刺蜂是一种非常重要的授粉昆虫，而且还具有一些优越于蜜蜂的特点，因此无刺蜂必将越来越受到重视。

由于无刺蜂没有功能刺，更适合在大棚中授粉。1992 年，日本学者用一种无刺蜂在温室中进行了草莓授粉试验，取得了成功。哥斯达黎加学者于 1996 年 4 月，在大棚中对两种无刺蜂和西方蜜蜂为薄荷科一种植物的授粉效果，进行了比较试验。试验结果表明，西方蜜蜂的授粉效果最好，两种无刺蜂的授粉效果也不错，而没有蜂授粉的对照组其种子产量极低。与西方蜜蜂相比，无刺蜂授粉的植物，种子产量要低一些，这可能是由于它们采集活性较低的缘故，同时又可能与其个体较小有关。这个试验表明，无刺蜂能成为大棚中非常有效的授粉者，这对于商业授粉也是一种非常有价值的选择。

第四节　小蜜蜂

小蜜蜂主要分布在巴基斯坦、印度、斯里兰卡、泰国、马来西亚和印度尼西亚的部分地区（苏门答腊岛、爪哇岛、婆罗洲），以及我国广西的龙洲和云南的北纬 26°40′以南的广大地区。小蜜蜂非常适应波斯湾沿岸的气候。夏季，在伊朗海拔 900 米处，阿曼、印度和泰国海拔 1 900 米处，都可见到小蜜蜂蜂群。小蜜蜂工蜂体长 7～8 毫米，头胸黑色，头部略宽于胸部，上颚顶端红褐色，第一到

第二腹节背板暗红色，其余为黑色。腹部背板被黑色短绒毛，腹板被灰白色长绒毛。工蜂后足胫节及基跗节背面两侧被白毛。颚眼距宽度大于长度。雄蜂后足胫节内侧叶状突起长，略超过胫节全长的 2/3。小蜜蜂一般栖息在海拔 1 900 米以下、年平均温度在 15℃～22℃的地区。在次生灌木枝条或杂草丛中营造露天单一巢脾，巢脾面积为 194～432 平方厘米。三型蜂巢房分化明显，其护脾力和抗逆性都较强。我国小蜜蜂有数种，每群仅数百只或数千只，巢脾如巴掌大小，筑巢在树枝上。小蜜蜂采蜜量小，形不成商品蜜，但小蜜蜂却是授粉能手，任何窄小的筒状花都能钻进去授粉。

第五节 大蜜蜂

大蜜蜂像小蜜蜂一样，几乎覆盖印度——马来西亚区域。但这两个种的分布并不一致。大蜜蜂西不超过印度河，避开了干热的波斯湾海岸，东至整个菲律宾岛。在我国，大蜜蜂主要分布在台湾岛、海南岛、广西南部和云南南部等地。

大蜜蜂工蜂体长 16～18 毫米。体黑色，细长。前翅黑褐色并具紫色光泽。体毛短而密，颜面毛短而稀，灰白色；第一至第三腹节背板被短而密的橘黄色毛，其余各节被黑褐色短毛。大蜜蜂随着季节的不同而有明显的迁徙习性。5～8 月份，在高大的阔叶树上筑巢繁殖。9 月份以后，迁移到海拔较低的河谷边的灌木丛中营巢。营造单一的暴露的巢脾。雄蜂房与工蜂房无区别。护脾性强，可进行人工驯养。

参考文献

[1]邵有全．蜜蜂授粉[M]．太原:山西科学技术出版社，2001.

[2]周伟儒．果树壁蜂授粉技术[M]．北京:金盾出版社，1999.

[3]张国良.生物授粉资源在现代农业中的地位及面临的问题[J].中国农业资源与区划,2004,25(6):17-20.

[4]尤民生．昆虫授粉生态的研究[J]．武夷科学,1999,15(12):167-172.

[5]李江红．昆虫授粉效能的评价[J]．福建农业大学学报,1999,28(1):96-98.

[6]安建东．介绍一种新的授粉概率指标[J]．蜜蜂杂志,2000(9):7-8.

[7]方文富．熊蜂生物学[J]．养蜂科技,2003(1):5-9.

[8]阮长春．吉林省熊蜂野生蜂种资源调查[J]．吉林农业大学学报,2007(1):37-40.

[9]吴杰．华北地区小峰熊蜂的分布及其生态特性[J]．中国蜂业,2007(12):5-8.

[10]安建东．明亮熊蜂的生物学特性及其授粉应用[J]．昆虫知识,2006(1):94-97.

[11]国占宝．熊蜂和蜜蜂为日光温室甜椒授粉的研究[J]．中国养蜂,2005(10):8-9.

[12]童越敏．三种授粉方式对温室凯特杏的影响研究[J]．蜜蜂杂志,2005(2):3-4.

[13]安建东．熊蜂为温室茄子授粉试验[J]．中国养蜂,2004(3):7-8.

[14]孙永深．熊蜂为温室黄瓜授粉的效果研究[J]．蜜蜂杂志,2003(8):83-84.

[15]李继莲．熊蜂和蜜蜂为塑料大棚西瓜授粉对比试验,2006.107-108.

[16]李继莲．熊锋和蜜蜂为日光温室草莓授粉效果的比较,2005.73-74.

[17]高秀花．设施大樱桃熊蜂授粉试验[J]．西北园艺,2006(2):38-39.

[18]董淑华．设施桃熊蜂授粉效果试验[J]．落叶果树,2006(4):35-36.

[19]刘新宇．温室番茄陕北密林熊蜂授粉试验[J]．西北园艺,2008(3):50-51.

[20]尹德兴．花期喷“盐硼液”加熊蜂辅助授粉对甘蓝自交不亲和系原种产量的影响[J]．长江蔬菜,2007(12):52-53.

[21]王东生．熊蜂对番茄常用农药的敏感性[J]．上海农业学报,2003,19(4):67-69.

[22]彭文君,人工控制下熊蜂交配及影响因素的研究[J]．蜜蜂杂志,2003(9):3-4.

[23]安建东．山西省熊蜂属区系调查(膜翅目,蜜蜂科)[J]．动物分类学报,2008(1):80-88.

[24]杨大荣．云南澜沧江流域传粉昆虫——熊蜂多样性现状与保护对策[J]．生物多样性,1999(3):170-174.

[25]区善汉．壁蜂授粉提高沙田柚坐果率试验[J]．广西园艺,2002,42(3):3-4.

[26]高厚强．不同授粉方式对大棚甜油桃坐果率及产量的影响[J]．安徽农业科学,2003,31(4):556-560.

[27]邵祝善．大白菜亲本繁殖中壁蜂辅助授粉技术[J]．种子科技,2005(5):296.

[28]黄敦元．油茶地蜂生活史及相关生物学习性[J]. 昆虫学报,2008,51(7):778-783.

[29]李继莲．无刺蜂的生物学特性及应用[J]. 蜜蜂杂志,2006(8):7-9.

[30]朱友民．猕猴桃蜜蜂授粉技术研究初报[J]. 中国养蜂,2003,54(5):9-11.

[31]董坤．积极开展蜜蜂授粉,促进云南石榴种植业健康发展[J]. 蜜蜂杂志,2007(6):34.

[32]杨秀武．蜜蜂驯化对促进芒果花期授粉效应[J]. 福建果树,2003,123(1):12-13.

[33]吴杰．蜜蜂为龙眼、荔枝授粉增产技术的研究[J]. 中国养蜂,2004,55(5):4-5.

[34]刘世杰．空气污染对果树花期蜜蜂授粉活动的影响及对策[J]. 落叶果树,2004(3):13-14.

[35]历延芳．蜜蜂为塑料大棚桃树授粉试验报告[J]. 蜜蜂杂志,2005(6):6-7.

[36]阿布都卡迪尔．大棚桃放蜂栽培示范[J]. 新疆农垦科技,2006(5):16-17.

[37]张中印．温室油桃的蜜蜂授粉技术[J]. 蜜蜂杂志,2003(12):7-8.

[38]历延芳．蜜蜂为塑料大棚西瓜和田间西瓜授粉试验报告[J]. 蜜蜂杂志,2006(1):6-7.

[39]张秀茹．蜜蜂为西瓜授粉效益初报[J]. 养蜂科技,2005(4):5-6.

[40]郑茂启．日光温室草莓蜜蜂授粉配套技术的研究与推广[J]. 山东农业科学,2004(3):48-49.

[41]高建村．不同蜂种和蜂量对大棚草莓授粉的研究[J]. 蜜蜂杂志,2001(12):9.

[42]刘如馥．一群蜜蜂为两个草莓大棚授粉的操作方法[J]．蜜蜂杂志,2001(12):27.

[43]席芳贵．西方蜜蜂莲花授粉增产效益显著[J]．养蜂科技,2006(4):42-44.

[44]薛承坤．利用蜜蜂为冬瓜授粉的探讨[J]．养蜂科技,2006(2):6.

[45]杨恒山．蜜蜂授粉对大白菜杂交制种产量与质量的影响[J]．河南农业科学,2002(12):35-36.

[46]於文俊．中国红光熊蜂(*Bombus ignitessmith*)的饲养与观察[J]．华东昆虫学报,2004,13(2):96-101.

蜜蜂为油菜授粉

熊蜂为杏树授粉（**安建东提供** ）

熊蜂为黄瓜授粉（**安建东提供**）

熊蜂为茄子授粉（**安建东提供**）

责任编辑/刘阳娜　廖明岐
封面设计/苟静莉

邵有全，男，1956年2月生，山西运城人，研究员，国家蜜蜂产业体系蜜蜂授粉岗位专家。近30年来一直从事蜜蜂生物学、蜜蜂授粉方面的研究工作。

主持并完成了13项省、部级以上的攻关项目，其中《蜜蜂授粉提高蔬菜产量研究》和《山西省熊蜂种质资源的调查及其筛选利用》获得山西省科技进步二等奖。

结合研究工作，与他人合著了《蜜蜂饲养新技术》和《中国蜜蜂学》等专著6部，共200万字。本人单独撰写并出版了《蜜蜂授粉》一书。与此同时， 在《动物分类学报》和《中国蜂业》等12家学术杂志上，发表论文47篇，其中15篇获得中国蜜蜂学会优秀论文奖，6篇在国际学术会议上进行了交流。

祁海萍，女，副研究员，自1981年以来一直从事蜜蜂科研和管理工作，获山西省科技进步二等奖三项，山西省农村技术承包一等奖二项，全国农牧渔业丰收三等奖一项，编著《蜜蜂饲养新技术》一部，研制的蜜蜂防蜇器获国家实用新型专利，在《中国蜂业》等学术期刊发表蜜蜂科研论文20余篇。

ISBN 978-7-5082-6225-3
定价:11.00元